EUL VERLAG

Dr. Ilja Konoplev

Corporate Financial Hedging

Auswirkungen auf die Bewertung und Kreditqualität eines Unternehmens am Beispiel der Lufthansa AG

EUL VERLAG

Bibliografische Information der Deutschen Nationalbibliothek

Die Deutsche Nationalbibliothek verzeichnet diese Publikation in der Deutschen Nationalbibliografie; detaillierte bibliografische Daten sind im Internet über <http://dnb.d-nb.de> abrufbar.

Dissertation, WHU – Otto Beisheim School of Management, Vallendar, 2010

ISBN 978-3-8441-0016-7
1. Auflage Dezember 2010

JOSEF EUL VERLAG GmbH
Brandsberg 6
53797 Lohmar
Tel.: 0 22 05 / 90 10 6-6
Fax: 0 22 05 / 90 10 6-88
E-Mail: info@eul-verlag.de
http://www.eul-verlag.de

Bei der Herstellung unserer Bücher möchten wir die Umwelt schonen. Dieses Buch ist daher auf säurefreiem, 100% chlorfrei gebleichtem, alterungsbeständigem Papier nach DIN 6738 gedruckt.

Vorwort

Corporate Financial Hedging ist eine vergleichsweise junge Disziplin innerhalb der Finanzfunktion eines Unternehmens. Die theoretische Abdeckung dieses Themenfeldes blickt auf zahlreiche Publikationen zurück, in denen das Hedging aus unterschiedlichsten Kernbereichen der Finanzliteratur beleuchtet wurde. Ziel dieser Arbeit war es eine integrierte Betrachtung der Literaturstränge zu ermöglichen, um den Fokus auf die fremdkapitalseitigen Werteffekte des Hedgings zu verlagern. In Verbindung mit der Simulationsmethodik entsteht eine Möglichkeit für Unternehmen, ihre Risiken ex-ante zu visualisieren und eine Sicherungspolitik zu implementieren, die den Unternehmenswert maximiert.

Die Arbeit entstand während meiner Zeit als wissenschaftlicher Mitarbeiter am Lehrstuhl für Finanzwirtschaft von Prof. Dr. Markus Rudolf an der WHU - Otto Beisheim School of Management in Vallendar. Im Juli 2010 wurde die Arbeit als Dissertationsschrift an der WHU angenommen. Nach dem erfolgreichen Abschluss des Promotionsvorhabens möchte ich die Gelegenheit nutzen, mich bei all denen zu bedanken, die mich auf dem Weg dahin unterstützt haben und zum Gelingen der Dissertation beigetragen haben. Zuerst möchte ich meinem Doktorvater Prof. Dr. Markus Rudolf für die Übernahme der Erstbetreuung danken. Ebenfalls möchte ich mich bei Prof. Dr. Christian Koziol bedanken, der die Zweitbetreuung übernommen hat.

Ein großer Dank gilt dem Lehrstuhlteam für die großartige Zusammenarbeit, das freundschaftliche Miteinander und die inhaltlichen Diskussionen, die den Verlauf der Arbeit maßgeblich geprägt haben. Die angenehme Arbeitsatmosphäre war ein wichtiger Faktor, der zum Erfolg des Promotionsvorhabens beigetragen hat. Namentlich bedanke ich mich bei Benjamin Meiers, Oxana Zhukova, Marc-Olivier Lücke, Christian Zaum, Valeria Biurrun, Friedrich Kruse und Markus Theis.

Ich danke Prof. Dr. Michael Adler, der meinen Forschungsaufenthalt an der Columbia University in New York ermöglicht hat. Für die finanzielle und ideelle Unterstützung bei der Durchführung meines Forschungsaufenthaltes bedanke ich mich bei der Daniela und Jürgen Westphal Stiftung. Hierbei insbesondere bei Herrn Dr. Jürgen Westphal und Frau Daniela Westphal sowie Frau Susanne Henriksen, die den organisatorischen Ablauf unkompliziert begleitet hat.

Der größte Dank gilt abschließend meiner Mutter Tatiana Konopleva. Sie unterstützt mich bei allen meinen Vorhaben und steht mir zu jeder Zeit mit hilfreichen Ratschlägen, aufmunternden Worten und neuen Blickwinkeln zur Seite. Ich habe ihr sehr vieles zu verdanken und freue mich, eine so starke und inspirierende Persönlichkeit in meinem Leben zu haben. Ihr widme ich diese Arbeit.

Berlin, im November 2010

Ilja Konoplev

Inhaltsverzeichnis

Abbildungsverzeichnis

Tabellenverzeichnis

Abkürzungsverzeichnis

bbl	barrel of oil (entspricht rund 159 Litern Erdöl)
BC	Insolvenzkosten
bp	Basispunkte
bzw.	beziehungsweise
CAPEX	Investitionen (Capital Expenditures)
CAPM	Capital Asset Pricing Model
CDS	Credit Default Swap (Kreditderivat)
CEO	Vorstandsvorsitzender (Chief Executive Officer)
CFO	Finanzvorstand (Chief Financial Officer)
CS	credit spread (Risikoprämie)
D	Fremdkapital
DM	Deutsche Mark
EBIT	Operatives Ergebnis vor Steuern und Zinsen
E, EK	Eigenkapital
FK	Fremdkapital
G	Staat
GBP	Pfund Sterling
GJL	Goldstein, Ju, Leland
HR	Hedge Ratio
InsO	Insolvenzordnung

JPY	Japanischer Yen
LHAG	Lufthansa AG
Max	Maximum
Min	Minimum
Mittelw.	Mittelwert
S.	Seite
u.a.	unter anderem
USA	Vereinigte Staaten von Amerika
USD	US-Dollar
WTI	Western Texas Intermediate (Ölsorte)
YR	Jahr
z.B.	zum Beispiel

Symbolverzeichnis

	Merton (1974) Modell
dz_i	Wiener Prozess
T	Fälligkeitszeitpunkt
t	Zeiteinheit
r	Zins
V_T	Unternehmenswert zum Fälligkeitszeitpunkt
Y	Wert des Derivats auf die Zustandsvariable Unternehmenswert
α	Renditeparameter
C	Couponzahlung
σ_i	Volatilitätsparameter der Variable i
F_i	Partielles Differenzial der Funktion F nach Variable i
W_i	Investitionsbetrag
dX	Instantane Portfoliorendite
P	Auszahlung
	Goldstein, Ju, Leland (2001) Modell
δ	Auszahlungsparameter
μ	Drift-/ Renditeparameter
$\mathcal{P}$	Physisches Wahrscheinlichkeitsmaß
Q	Risikoneutrales Wahrscheinlichkeitsmaß

E_t^Q	Erwartungswert unter risikolosem Wahrscheinlichkeitsmaß zum Zeitpunkt t
∂	Partielle Ableitung
τ	Steuersatz
α	Insolvenzkosten als Anteil am Wert des insolventen Unternehmens
V_{solv}	Unternehmenswert im Solvenzfall
V_{def}	Unternehmenswert im Insolvenzfall
V_{int}	Barwert der Couponzahlungen
V_B	endogene Ausfallschwelle
$p_B(V)$	Zustandspreis in Abhängigkeit des Unternehmenswertes V
x, λ, A, B	Hilfsparameter
q	Anteilige Kosten der Fremdkapitalaufnahme
	Simulation
$\mu_{EBIT Rendite}$	Erwartungswert der relativen EBIT Veränderungen
$\sigma_{EBIT Rendite}$	Volatilität der relativen EBIT Veränderungen
$\sigma_{Aktienrendite}$	Volatilität der relativen Aktienkursänderungen
dFX	absolute instantane Änderung des Wechselkurses
dS	absolute instantane Änderung des Ölpreises
Y	Natürlicher Logarithmus des Ölpreises
μ	Gleichgewichtsniveau
κ	"mean reversion" Parameter
$USD_{fix} * HR_{USD}$	Abgesicherte Dollar und Treibstoffkomponente in Euro
$USD_{var} * (1 - HR_{USD})$	Ungesicherte Dollarkomponente
$Öl_{var,inEUR/bbl}$	Ungesicherte Treibstoffkomponente

Kapitel 1

Einleitung

Regelmäßig lässt sich der Wirtschaftspresse entnehmen, dass Unternehmensergebnisse signifikant durch Derivatetransaktionen beeinflusst werden können, wie z.B. bei der Porsche AG, die im Geschäftsjahr 2005/2006 Buchgewinne aus Währungssicherungsgeschäften in Höhe von rund 370 Mio. EUR erwirtschaftete[1]. Im umgekehrten Fall musste die größte Fluggesellschaft Hongkongs, Cathay Pacific Airways, Verluste aus Treibstoffsicherungsgeschäften in Höhe von rund 650 Mio. EUR für das Geschäftsjahr 2008 hinnehmen[2].

Insofern stellt sich häufig die Frage, warum Unternehmen überhaupt in dieser Form am Kapitalmarkt aktiv werden, wenn der Ausgang dieser Aktivitäten auf Grund der Stochastik der Finanzmärkte möglicherweise nicht absehbar ist. Grundsätzlich nutzen Unternehmen Risikomanagement, um sich gegen Risiken abzusichern, die durch ihre operative Tätigkeit am Markt entstehen. In ihrer Studie zeigen Bodnar, Hayt & Marston (1998), dass rund 50% der befragten US amerikanischen Unternehmen Derivate zur Risikoabsicherung verwenden und es im deutschen Markt sogar 78% sind, wie Bodnar & Gebhard (1999) beobachten. Das Marktvolumen

[1]Vgl. Milne (2007).
[2]Vgl. Hahn (2009), 975 Mio. USD zum Jahresdurchschnittskurs von 0,6731 EUR/USD.

für derivative Finanzinstrumente ist in den vergangenen Jahren signifikant angestiegen und allein das Marktvolumen für Derivate auf Zinsen und Wechselkurse betrug im ersten Halbjahr 2009 rund 414 Billionen US Dollar[3]. Dieser Marktgröße steht jedoch auch die Frage entgegen, ob die Einführung von Risikomanagement einen Mehrwert für das Unternehmen hat und falls ja, wem er zusteht. Die Beantwortung dieser Frage ist das Motiv der vorliegenden Arbeit.

1.1 Problemstellung und Zielsetzung

Auch wenn es eine breite Evidenz dafür gibt, dass Unternehmen Derivate verwenden, ist die Frage nach dem übergeordneten Treiber hierfür in der wirtschaftswissenschaftlichen Literatur nach wie vor umstritten. Die Maximierung des Nutzens von "Stakeholdern" eines Unternehmens, wie dem Management oder den Kapitalgebern, wird hierzu angeführt. Ob die Nutzenmaximierung auch mit einer Wertmaximierung einhergeht ist jedoch nach wie vor höchst umstritten. Während einige Studien Wertboni für hedgende Unternehmen nachweisen können, sind andere Studien hierzu nicht in der Lage und argumentieren, dass Hedging analog der Argumentation von Modigliani & Miller (1958) über die Irrelevanz der Kapitalstruktur, ebenfalls keine Wertrelevanz habe, weil Investoren in der Lage seien, im Unternehmen gebundene Risiken individuell abzusichern und hedgende Unternehmen folglich auch keinen Wertbonus erwarten können. Selbst unter Einbeziehung von Friktionen, wie Steuern, Transaktions- und Insolvenzkosten, können prominente Studien keinen Werteffekt nachweisen. Da sich der Unternehmenswert aus Eigen- und Fremdkapitalwerten zusammensetzt, muss für eine vollständige Betrachtung der Thematik auch jede Anspruchsgruppe sowohl individuell, als auch in Kombination betrachtet werden. Dies ist in der bestehenden Literatur jedoch

[3]Vgl. ISDA (2009), Nennwert ausstehender Kontrakte.

selten in dieser Form geschehen und somit ist es denkbar, dass gerade die Abwesenheit einer integrierten Betrachtung für die inkonsistente Evidenz über das Wertschaffungspotenzial von Corporate Financial Hedging verantwortlich ist.

Ziel der vorliegenden Arbeit ist es zu erläutern, warum Unternehmen Risikomanagement bzw. Corporate Financial Hedging betreiben und ob es für die Kapitalgeber eines Unternehmens, welche sich aus Eigen- und Fremdkapitalgebern zusammensetzen, Wert schafft, wenn ein Unternehmen Hedging betreibt und wenn ja, an welchen Wertkomponenten dies sichtbar ist und welche Anspruchsgruppe am stärksten davon profitiert.

1.2 Vorgehensweise und Aufbau

Im Anschluss an dieses Unterkapitel soll der Begriff des Corporate Financial Hedging definiert und in allen Ausprägungen erläutert werden. Um der Frage nach dem Wertschöpfungspotenzial durch Hedging auf den Grund zu gehen, wird im zweiten Kapitel die Literatur zum Corporate Financial Hedging vorgestellt. Die bestehenden Theoriekonzepte, die Hedging rechtfertigen, werden vorgestellt und mit Hilfe von empirischen Arbeiten auf ihre Existenz in der Praxis hin überprüft. Anschließend wird das Wertschaffungspotenzial qualitativ erläutert und der Fokus auf die Fremdkapitalgeber motiviert. Im dritten Kapitel werden Modellrahmen für die Bewertung von Fremdkapitaltiteln vorgestellt und das für die Analyse verwendete Modell von Goldstein, Ju & Leland (2001) motiviert und erläutert. Das vierte Kapitel beschäftigt sich mit der Simulation der Gewinn- und Verlustrechnung einer Luftfahrtgesellschaft, um am Beispiel der Deutsche Lufthansa AG aufzuzeigen, wie unterschiedliche Absicherungsmodelle von Wechselkurs- und Rohstoffpreisrisiken auf die Verteilung der EBIT Renditen wirken. Im fünften Kapitel werden die Simulationsergebnisse in das Bewertungsmodell von Goldstein, Ju & Leland

(2001) implementiert und die Wertbeiträge für Eigen- und Fremdkapitalgeber analysiert. Eine indikative empirische Stichprobe wird zur Illustration der Ergebnisse inkludiert. Das sechste Kapitel fasst die Ergebnisse der Arbeit zusammen und gibt Anregungen für weitere Forschungsarbeiten in diesem Bereich.

1.3 Corporate Financial Hedging - Definition und Abgrenzung

Das deutsche Wort für Hedging ist Sicherungsgeschäft. Die Sicherung bezieht sich hierbei auf im Markt vorhandene Risiken. Aus der Globalperspektive betrachtet, lässt sich eine Volkswirtschaft in einen monetären und einen realwirtschaftlichen Sektor unterteilen. Diese Unterteilung wird als klassische Dichotomie bezeichnet. Während im monetären Sektor am Geldmarkt das Preisniveau über den Geldmarktzins festgelegt wird, stellt der realwirtschaftliche Sektor über Arbeits-, Güter- und Kapitalmarkt die Rahmenbedingungen für die operative Tätigkeit von Unternehmen. Jeder dieser vier Märkte birgt Risiken, denen ein Unternehmen direkt oder indirekt ausgesetzt ist und gegen die es sich absichern kann. Im Wesentlichen handelt es sich hierbei um Wechselkurs-, Rohstoffpreis- und Zinsrisiken sowie Preis- und Absatzrisiken für die Produkte und Leistungen eines Unternehmens.

Wechselkursrisiken entstehen durch Transaktionen mit Partnern anderer Währungsräume, wobei dies sowohl für Transaktionen mit dritten Parteien, als auch für konzerninterne Abrechnungen gilt. Zinsrisiken bestehen bei der Konzeption der Fremdkapitaltitel über Laufzeit und Art der Verzinsung. So bestehen bei variablen Zinsverpflichtungen Preisrisiken bei steigenden Zinsen, wohingegen bei fixen Zinsverpflichtungen Opportunitätskosten bei sinkendem Zinsniveau bestehen.

Rohstoffpreisrisiken bestehen durch Preisschwankungen bei rohstoffbezogenen Inputfaktoren, sofern diese nicht auf der Verkaufsseite an die Kunden weitergegeben werden können. Hierdurch entsteht eine Varianz in der Gewinn- und Verlustrechnung, falls die Risiken nicht abgesichert werden können.

In Anlehnung an Adler & Dumas (1984) wird die mengenmäßige Exposition des Unternehmens diesen Risiken gegenüber als Exposure bezeichnet. Diese Exposure entsteht grundsätzlich durch die strukturelle Beschaffenheit der operativen Unternehmensaktivitäten und materialisiert sich bei Transaktionen mit Geschäftspartnern, wenn diese Transaktionen eine oder mehrere der genannten Risikoklassen beherbergen. Sie entsteht ebenfalls bei der Konsolidierung der Einzelbilanzen von Tochterunternehmen zur Konzernbilanz des Mutterunternehmens, wenn diese operative Aktivitäten in anderen Währungsräumen aufweisen[4]. Grundsätzlich entscheidet das Management, bzw. die Eigentümer über den Anteil der abzusichernden Menge an Währung, Rohstoff oder Nennwert eines Fremdkapitaltitels. Das Verhältnis der abgesicherten Menge zur Gesamtexposure, wird im Folgenden als "Hedge Ratio" bezeichnet.

Das Risikomanagement eines Unternehmens kann sowohl über operative Maßnahmen, als auch über Transaktionen am Kapitalmarkt betrieben werden. Die Begriffe Hedging und Risikomanagement werden im Verlauf der Arbeit synonym verwendet.

Unter operativen Maßnahmen versteht man die Minimierung der Risikoexposition eines Unternehmens durch die allgemeine Management Tätigkeit. Dazu gehört auf der einen Seite die Tätigkeit der Marketing- und Vertriebsabteilung, die bei erfolgreicher Maßnahmenumsetzung Preis- und Absatzrisiken eines Unternehmens minimieren, während die Einkaufsabteilung durch Vertragsverhandlungen eine kosten-

[4]Vgl. Ruß & Gebhard (2002).

optimale Lösung für die Produktionstätigkeit des Unternehmens generieren kann. Operative Preis- und Absatzrisiken eines Geschäftsbereichs können ebenfalls durch Diversifikation in andere Geschäftsbereiche über organisches Wachstum sowie über Fusionen und Übernahmen reduziert werden, sofern die neuen Aktivitäten nicht perfekt positiv mit dem bestehenden Geschäftsmodell korreliert sind.

Bei einem hohen Grad von operativer Flexibilität, kann im Falle einer Wechselkursänderung die Produktion in das komparativ günstigere Land verlagert werden, sofern die Verlagerungskosten die Wechselkursvorteile nicht aufheben. Kapazitätsrisiken der Produktion können über Kapazitätsoptionen, die am Markt verfügbar sind, abgefedert werden[5]. Diese Arten der Risikominimierung sind allerdings vollständig in der operativen Tätigkeit eines Unternehmens gebunden und werden durch die Wahl der Tätigkeit in einem oder mehreren Geschäftsbereichen bewusst eingegangen. Die operative Risikominimierung wird aus diesem Grund nicht weiter betrachtet und lediglich der Vollständigkeit halber aufgeführt.

Sollte die Nutzung von Derivaten von persönlichen Marktabschätzungen des Managements abhängen, kann die Varianz minimierende Funktion des Hedgings beeinträchtigt werden. Die Hoffnung des Managements auf überdurchschnittliche Gewinne aus Derivatetransaktion wird im Folgenden als "selektives"[6] bzw. "spekulatives" Hedging bezeichnet.

Einen weiteren Sonderfall stellen "natürliche Hedges" dar. Dies ist z.B. der Fall wenn ein Unternehmen eine umsatzseitige Nettowechselkursexposition durch die Aufnahme von Fremdkapital und somit einer Zins- und Tilgungsverpflichtung in diesem Währungsraum reduziert. Ebenfalls können Erweiterungsinvestitionen, die aus dem Cash Flow der Auslandsniederlassung getätigt werden, die Fremdwährungsexposition reduzieren oder gar aufheben. Allgemein betrachtet können na-

[5]Vgl. hierzu die Arbeit von Barnes-Schuster, Bassok & Anupindi (2002).
[6]Vgl. Stulz (1996), S. 8.

türliche Hedges durch eine strukturelle Anpassung der Unternehmenscharakteristika durch das Management beschrieben werden und müssen somit ebenfalls dem operativen Risikomanagement zugeordnet werden.

In der vorliegenden Arbeit wird unter Hedging die Nutzung von Derivaten verstanden, welche das Hauptziel verfolgt, die Varianz des Unternehmenswertes, ausgedrückt durch den Barwert seiner zukünftigen Cash Flows, zu minimieren[7]. Hedging wird hierbei als Kurzform für Corporate Financial Hedging verwendet, mit dem ausschließlichen Fokus auf Unternehmen aus dem Nichtfinanzsektor, da am Kapitalmarkt tätige Finanzunternehmen, wie Banken und Versicherungen, andere Formen der Risikoexposition haben, die nicht direkt mit dem Nichtfinanzsektor vergleichbar sind.

[7]Vgl. Smith & Stulz (1985), S. 399.

Kapitel 2

Literatur zum Corporate Financial Hedging

Im folgenden Kapitel soll die relevante Literatur zum Corporate Financial Hedging vorgestellt werden, um insbesondere deutlich zu machen, warum es Schwierigkeiten bei der exakten Isolierung von Werteffekten durch Hedging gibt. Ziel ist es, dem Leser einen breiten Überblick über die relevanten Arbeiten in diesem Bereich zu geben, die sich zum einen mit der Motivation für unternehmerisches Risikomanagement auseinander setzen und zum anderen mögliche Variationen in Hedge Ratios erklären. Jedem Theoriekonstrukt werden empirische Ergebnisse gegenüber gestellt, um die Validität der Modelle auf dem Kapitalmarkt aufzuzeigen. Der Überblick orientiert sich an der Literaturstudie von Konoplev (2007), wobei in diesem Kapitel lediglich die relevantesten Arbeiten vorgestellt werden sollen. Im Anschluss daran wird die Literatur kritisch gewürdigt und das Forschungsvorhaben motiviert.

2.1 Stand der Literatur

Gegeben sei ein Kapitalmarkt, der durch vollständige Informationen und die Abwesenheit von sonstigen Friktionen, wie Steuern, Insolvenz- und Transaktionskosten gekennzeichnet ist[8]. Dies bedeutet jedoch, dass kein Unternehmen durch Transaktionen am Kapitalmarkt einen Mehrwert gegenüber einem Individualinvestor generieren kann, da allen Marktteilnehmern die selben Informationen zur Verfügung stehen.

Diese Schlussfolgerung kann jedoch nicht gezogen werden, wenn man die Grundpfeiler der Informationssymmetrie und Friktionslosigkeit aufweicht, da nun die Wert- und/oder Nutzenmaximierung einzelner Stakeholder eines Unternehmens mit Hilfe von Hedging besser umgesetzt werden kann, mit einem mittelbaren Werteffekt. Nachfolgend werden die wichtigsten Motive für die Durchführung von Hedging Aktivitäten vorgestellt und auf ihre empirische Validität hin überprüft. Danach soll das Motiv der Wertschaffung isoliert betrachtet und bewertet werden.

Modigliani & Miller (1958) formulieren in ihrer wichtigen Arbeit die "Proposition I", die besagt, dass in einem perfekten Kapitalmarkt keine Art und Kombination der Finanzierung von Aktiva einen Einfluss auf den Wert eines Unternehmens hat, da diese Kapitalstruktur von jedem Investor individuell repliziert werden kann. Diese Aussage gilt jedoch auch für Finanzmarkttransaktionen wie das Hedging mit Forwards, wie MacMinn (1987) formal zeigt. Vor diesem Kontext müsste der Preis für ein Unternehmen das Hedging betreibt genauso hoch sein wie für ein Unternehmen, das ungehedged ist, sofern Hedging die Kovarianz der Unternehmensrenditen zu Kapitalmarktrenditen nicht verändert.

Darauf aufbauende Arbeiten stellen diese zentrale Hypothese in Frage, basierend auf der Einbeziehung von Friktionen wie Steuern und Insolvenzkosten sowie Kon-

[8]Vgl. dazu u.a. Modigliani & Miller (1958), Sharpe (1964), Fama (1970).

flikten zwischen Eigen- und Fremdkapitalgebern. In diesen Spannungsgeflechten kann Hedging jeweils einen Beitrag leisten, indem es diese Friktionen reduziert bzw. Konflikte eindämmt.

2.1.1 Agency Kosten und Investment Ineffizienzen

Jensen & Meckling (1976) greifen in ihrer Arbeit die Irrelevanz der Kapitalstruktur durch die Existenz von Konfliktkosten, so genannten "agency" Kosten an, die zwischen Eigen- und Fremdkapitalgebern bestehen. Diese Kosten bestehen noch in einer Welt ohne Steuern und Insolvenzkosten. Als Beispiel dient ein Manager und Eigentümer, der Anteile an den Zahlungsströmen eines vollständig durch Eigenkapital finanzierten Unternehmens an Fremdkapitalgeber anbietet. Sollte er vor der Veräußerung zwei Investitionsprojekte mit positivem Nettobarwert, jedoch mit unterschiedlicher Risikostruktur zur Auswahl haben, so wird er in Bezug auf die Sequenz der Durchführung zunächst indifferent zwischen beiden Projekten sein. Will er jedoch über eine Kapitalstruktur entscheiden, so wird er zunächst signalisieren, das Investitionsprojekt mit der geringeren Volatilität angehen zu wollen, dann Fremdkapital aufnehmen und anschließend stattdessen das risikoreichere Projekt angehen. Dadurch erhält er trotz mehr Risiko mehr Fremdkapital bzw. die gleiche Summe, jedoch zu einem geringeren Zins.

Somit würde auf Grund der Eigennutzenmaximierung des Eigenkapitalgebers ein Wohlfahrtstransfer von den Fremdkapitalgebern hin zu den Eigenkapitalgebern stattfinden, da Fremdkapitalgeber in der Regel kein Recht auf Mitbestimmung bei Investitionsentscheidungen und somit der Projektauswahl haben. Die Fremdkapitalgeber nehmen auf der anderen Seite ein solches Verhalten an und passen die Konditionen der Fremdkapitalaufnahme entsprechend an - sei es über einen niedrigeren Nennwert oder, ceteris paribus, einen höheren Zins. Diese Problematik wird als "asset substitution" bezeichnet. Durch diese Konfliktsituation entsteht eine suboptimale Kapitalallokation, welche zu einem Wertverlust der Unternehmung führt, die jedoch mittelbar durch die Eigenkapitalgeber getragen wird.

Black & Cox (1976) beschreiben das Extrembeispiel des Konfliktes zwischen den Kapitalgebern, indem die Eigenkapitalgeber Anteile an die Fremdkapitalgeber veräußern, daraufhin das Unternehmen liquidieren und sich diesen Erlös als Dividende auszahlen und die Fremdkapitalgeber auf Grund ihrer nicht vorhandenen Mitbestimmungsrechte mit einer leeren Hülle zurückgelassen werden. Jensen & Meckling (1976) suggerieren, dass dieser Konflikt durch restriktive Kreditvereinbarungsklauseln gebremst werden kann, jedoch bestehe eine Einschränkung der Effektivität dieser Klauseln, da es unmöglich ist alle relevanten Geschäftsvorfälle vertraglich abzudecken. Smith & Warner (1979) argumentieren, dass es bereits ausreiche, die Dividenden- und Finanzierungspolitik in diese Klauseln einzubinden, um den Konflikt ex-ante zu lösen.

Myers (1977) beschreibt eine weitere Konfliktsituation im Beziehungsgeflecht der Kapitalgeber, welches als "underinvestment" bzw. "debt overhang" Problem bekannt ist: Der Grundgedanke liegt in der Annahme begründet, dass Eigenkapitalgeber als Halter einer europäischen Call-Option, mit einem Ausübungspreis in Höhe des Fremdkapitals betrachtet werden können, deren Wert mit steigender Volatilität des Basiswertes, also des Unternehmenswertes wächst. Dies ist insbesondere bei Unternehmen am Rande einer finanziellen Notlage relevant. In einer solchen Situation würden die Eigenkapitalgeber nicht in risikoarme Projekte mit positivem Nettobarwert investieren, um die Fremdkapitalgeber voll zu befriedigen, sondern eher in risikoreiche, da damit die Wahrscheinlichkeit steigen würde, dass die Eigenkapitalgeber in die Position geraten einen Gewinn nach Befriedigung der Ansprüche der Fremdkapitalgeber zu realisieren.

Bessembinder (1991) argumentiert nun, dass Hedging gerade auf Grund seiner Eigenschaft, die Varianzen eines Unternehmens reduzieren zu können, "agency" Kosten senken kann. Gegen das "underinvestment" Problem hilft Hedging insofern, als dass die absichtliche Erhöhung der Varianz durch die Eigenkapitalgeber seltener eintritt, da sie auf Grund einer geringeren Varianz der Unternehmensergebnisse seltener finanzielle Schieflagen erleiden und somit öfter Gewinne realisieren können. Die Fremdkapitalgeber auf der anderen Seite, profitieren ebenfalls davon, da eine Hedging basierte Varianzreduktion ihre Interessenslage stärkt. Somit besteht ein direkter Zusammenhang zwischen Hedging und der Steigerung des Unternehmenswertes durch die Minimierung von "agency" Kosten, wenn Hedging in Kreditvereinbarungsklauseln einbezogen wird.

Insbesondere über die Argumentation von Bessembinder (1991) besteht die theoretische Fundierung für eine Rechtfertigung von Hedging vor dem Kontext von "agency" Kosten. Auf Grund des Abstraktionsgrades sind jedoch keine Quantifizierungen des Wertbeitrags aus empirischer Sicht möglich. Leland (1998) präsentiert ein Kapitalstrukturmodell, welches "agency" Kosten explizit modelliert und anschließend mit Risikomanagement verknüpft. Zwar enthält sein Modell Friktionen, wie Steuern und Insolvenzkosten, was die Amplitude der "agency" Problematik beeinflussen könnte, jedoch ist er in der Lage den ökonomischen Sachzusammenhang von Kapitalstruktur und Konfliktbeziehung zwischen den Kapitalgebern abzubilden. Auf der einen Seite stellt Leland fest, dass "agency" Kosten nur rund 1,3% des Unternehmenswertes ausmachen, wenn kein Hedging betrieben wird, was zwar die ökonomische Intuition und Existenz rechtfertigt, die ökonomische Signifikanz jedoch stark relativiert. Durch die Inklusion von Hedging zeigt er allerdings deutlich, dass die bestehenden "agency" Kosten im Schnitt halbiert werden können.

Insgesamt kann festgehalten werden, dass "agency" Kosten zwischen den Kapitalgebern bestehen und durch Hedging signifikant eingeschränkt werden können, jedoch in ihrem Beitrag zum Unternehmenswert eine untergeordnete Rolle spielen.

2.1.2 Management Motive

Aus Perspektive des Managements ergeben sich rund drei Motive, die Hedging im Unternehmenskontext befürworten können:

1. Risikoaversion des Managements
2. Signalfunktion der Managementfähigkeiten
3. Spekulation

Diese Motivgebilde ergeben sich aus der Teilung von Eigentum und Management in Unternehmen und stellen eine Erweiterung der Diskussion um "agency" Kosten dar.

2.1.2.1 Risikoaversion des Managements

Die Risikoaversion von angestellten Managern als zusätzlicher Parameter bei "agency" Konflikten kann die Hedging Entscheidung beeinflussen. Smith & Stulz (1985)[9] argumentieren, dass die Risikopräferenzen der angestellten Manager einen Einfluss auf das Ausmaß des Hedging im Unternehmen haben und dass dieses Ausmaß

[9] S. Smith & Stulz (1985) S. 399ff.

stark von der Art des Vergütungsmodells abhängt, über welches die Eigentümer entscheiden, sobald sie Manger einstellen.

Der Gewinn, den ein Unternehmen zum Ende einer operativen Periode erwirtschaftet, bestimmt seinen Unternehmenswert. Die Entlohnung des angestellten Managers wird entsprechend häufig an den Gewinn bzw. Unternehmenswert gekoppelt, um eine Identität der Motive von Management und Eigentümern herzustellen. Hedging in seiner Rolle als Varianz minimierendes Instrument, verändert bei einem solchen Vertragskomplex neben der Varianz der Unternehmensgewinne entsprechend auch die Varianz des Wohlstands und den dazugehörigen Nutzen des Managers.

Ausgehend von risikoaversen Eigenkapitalgebern, die über die Vergütung des Managements entscheiden, schlussfolgern Smith & Stulz (1985), dass ein konkaves Vergütungsschema, also die Beteiligung des Managers am Unternehmen durch Anteile auch die Wohlfahrt der Eigenkapitalgeber maximiert. Der Manager wird dementsprechend nur Projekte mit positivem Nettobarwert annehmen, die die Varianz des Unternehmens nicht erhöhen. Konvexe Vergütungsschemata, wie Aktienoptionspläne könnten Manager veranlassen die Varianz des Unternehmens zu erhöhen, da die Optionscharakteristik ihres Vergütungspaketes hohe Varianzen im Unternehmensergebnis begünstigt. Dadurch würden Manager eine Hedge Ratio wählen, die niedriger ist als die, die von den Eigentümern präferiert würde. Smith & Stulz (1985) untersuchen ebenfalls, ob die Einführung von Steuern die Aussagen über das Hedging ändern könnte. Im Falle einer linearen Steuerfunktion bleiben die Aussagen gleich, genauso wie bei Steuerfunktionen, die progressiv sind. Im Resultat entsteht durch die reale Steuerprogression eine konkave(re) Einkommensfunktion des Managers, die wiederum vollständiges Hedging impliziert.

Zusätzlich zu den Implikationen für Management-Vergütungssysteme, die auf Unternehmensanteilen und Aktienoptionen basieren, konstatieren Smith & Stulz (1985), dass im Falle von Inhaber geführten Unternehmen mit einer risikoaversen Nutzenfunktion des Inhabers immer gehedged werden würde, da in diesem Fall kein potenzieller Management-Eigentümer Konflikt besteht und vollständiges Hedging nutzenoptimal ist. Dies ist insbesondere dadurch motiviert, dass die Inhaber keine diversifizierten Anleger sind, sondern den größten Teil ihres Vermögens im Unternehmen gebunden haben.

Für das Konfliktgeflecht Manager-Eigentümer hat Stulz (1984) ein Optimierungmodell entwickelt, welches bestimmt, welche optimale Anzahl an Forward Kontrakten notwendig ist, um das Wechselkursrisiko eines Unternehmens zu minimieren. Hierbei modelliert er auch Kosten für das Halten des Hedge Portfolios, was die Realität besser abbildet, aber auch eine tief greifende Implikation für die Beziehung zwischen Management und Eigenkapitalgebern hat. Wenn die Eigenkapitalgeber die entstehenden Kosten als negativen Wertbeitrag sehen, so werden sie das Management veranlassen kein Hedging zu betreiben. Die Risikoaversion des Managers veranlasst ihn wiederum zum Hedging ohne Mitwissen der Eigentümer. Die operative Implikation wäre, dass der Manager im Prozess der Kapitalbudgetierung Projekte mit positivem Nettobarwert ablehnen könnte, weil ihm persönlich die projektimmanente Varianz nicht gefällt. Verdeckte Tätigkeiten durch das Management würden wiederum von den Eigentümern vorhergesehen und durch Inkaufnahme von "monitoring" Kosten unterbunden werden. Diese Kosten reduzieren wiederum den Unternehmenswert, wie bereits von Jensen & Meckling (1976) motiviert. Diese Argumentation lässt allerdings den Schluss zu, dass Hedging folglich nie betrieben werden würde. Allerdings berücksichtigt Stulz (1984) nicht die Vorteile des Hedgings, was er jedoch in einer späteren Arbeit nachholt. Stulz (1996) argumentiert dort, dass Hedging Wert schafft, indem es direkte und indirekte Kosten einer hohen Varianz im Unternehmensergebnis reduziert. Dazu zählen in erster Linie die Ansprüche aller Stakeholder, wie z.B. Lieferanten, Kunden, Mitarbeiter und Fremdkapitalgeber, die eine risikoadäquate Entlohnung für ihr Engagement fordern. Somit kann festgehalten werden, dass die Motivation für Hedging aus Perspektive eines Eigentümers mit risikoaversem Management wiederum eine Balance aus Kosten und Nutzen, bzw. anderweitiger Kostenvermeidung, darstellt.

Tufano (1996) untersucht in seiner Arbeit die Determinanten für Hedge Tätigkeiten bei Goldproduzenten in den USA und überprüft dabei auch die Hypothesen von Smith & Stulz (1985). Er kommt zu dem Schluss, dass Manager, deren Privatvermögen zu einem Großteil im Unternehmen gebunden ist mehr hedgen, als Manager, deren Vermögen breit diversifiziert ist, was die Hypothese von Smith & Stulz (1985) in Bezug auf risikoaverse Manager mit konkaver Vermögensfunktion und der impliziten Hedging Strategie stützt. Tufano (1996) merkt allerdings an, dass trotz der Evidenz die reale Schwierigkeit darin bestehen könnte, dass die Entscheidung über Hedging und Vergütungspaket simultan getroffen wird und folglich die Kausalitätsrichtung zwischen Kompensation und Risikomanagement nicht eindeutig festzustellen wäre.

Knopf, Nam & Thornton (2002) bestätigen die Beobachtungen von Tufano und finden auch Evidenz dafür, dass Manager, deren Kompensationsregelung auch Aktienoptionen enthält, tendenziell weniger hedgen, was ebenfalls für die Validität der aufgestellten Hypothesen spricht. Gay & Nam (1998) finden einen positiven Zusammenhang zwischen Hedging und Aktienoptionen, was auf den ersten Blick gegen die Hypothesen von Smith & Stulz (1985) spricht. Jedoch argumentieren sie, dass eine Vertragsgestaltung von Aktienoptionspaketen in Summe das Vergütungsschema über normale Anteile replizieren kann, wenn Optionen, die aus dem Geld sind, gegen neue Optionskontrakte eingetauscht werden können. Haushalter (2000) untersucht in seiner Analyse ebenfalls den Zusammenhang zwischen Hedging und Aktienoptionen, die durch die Manager gehalten werden und stützt wiederum die Aussagen von Smith & Stulz (1985), wobei die Signifikanz seiner Ergebnisse nur durch Berücksichtigung eines dominierenden Großunternehmens erzielt wird.

Andere Studien sind nicht in der Lage die Hypothesen von Smith & Stulz (1985) zu bestätigen. Wysocki (1998) findet in seiner zweiteiligen Untersuchung von 403 und 807 US Unternehmen, von denen jeweils rund 200 hedgen, keinen Zusammenhang zwischen Hedging und Risikokomponenten in CEO Verträgen, Managerbeteiligungen oder Rentenregelungen für CEOs, die an vorhergehende Ergebnisse geknüpft sind. Géczy, Minton & Schrand (1997) können in ihrer Analyse von Unternehmen, die Währungsderivate verwenden, ebenfalls keinen signifikanten Zusammenhang zwischen Aktienoptionen und Hedging feststellen.

Ruß & Gebhard (2002) haben die Theorien von Smith & Stulz (1985) im deutschen Markt analysiert. Anders als in den Vereinigten Staaten können sie die Hypothesen stützen. Die für Deutschland typischen Familienunternehmen jedoch, die sich klassischerweise durch ein größeres Maß an Risikoaversion auszeichnen als Publikumsgesellschaften und entsprechend mehr hedgen müssten, weisen eine geringere Hedgingwahrscheinlichkeit auf, als die angesprochenen Aktiengesellschaften. Als Hauptgrund für diese Inkonsistenz nennen Ruß & Gebhard (2002) jedoch gerade die Bilanzskandale der vergangenen Jahre, bei denen Derivate eine tragende Rolle spielten, sodass die Abwesenheit von Hedging ironischerweise durch die Risikoaversion des Managements zustande kommt[10].

Insgesamt ist die empirische Evidenz bezüglich der "agency" bezogenen Managementvariablen durchmischt und deutet darauf hin, dass noch weitere Faktoren zur Erklärung von Hedging notwendig sind.

[10]Vgl. Ruß & Gebhard (2002), S. 23.

2.1.2.2 Signalfunktion von Management Fähigkeiten

Die Arbeiten von Breeden & Viswanathan (1996) und DeMarzo & Duffie (1995) erweitern die Motivation des Managements für die Einführung von Risikomanagementaktivitäten, indem sie über die persönliche Nutzensteigerung aus Karrieregesichtspunkten argumentieren. Hiernach sind der Grad der Sichtbarkeit der Hedgingaktivitäten über freiwillige Unternehmenskommunikation und die Fähigkeit des Managements die Hauptdeterminanten für eine Hedgingentscheidung.

Sie fügen mit Informationsasymmetrien eine weitere Friktion ein, die die Grundlage für Hedging im Unternehmenskontext schafft. Sie argumentieren, dass durch die Trennung von Eigentum und Management Informationsasymmetrien bestehen, was die operativen Unternehmenscharakteristiken angeht. Der Manager hat folglich genauere Informationen über Art und Umfang der inhärenten Risiken und kann sie folglich effizienter managen. Durch die Eliminierung von Varianzen, die aus Schwankungen in Zins-, Wechselkurs- und Rohstoffpreisen resultieren, schafft das Management eine Informationssituation für die Eigentümer, die nur noch von der Leistung des Managements abhängt. Dies könnte Investoren somit zu einer qualifizierten und um Störeffekte bereinigten Anlageentscheidung verhelfen. Zusätzlich würde sich ein solcher Manager komparativ besser am Arbeitsmarkt positionieren, weil er durch die erfolgreiche Einführung von Risikomanagement einen Reputationseffekt auf den Markt bringt.

Hedging hat insofern eine Informationsfunktion für den Arbeitsmarkt, Kapitalmarkt und das Unternehmen selbst. Im Falle eines großen Konzerns, kann die Konzernleitung ohne Störeffekte einzelne Konzernteilergebnisse der direkten Tätigkeit der dort angestellten Manager zuordnen, sofern diese in ihrem Verantwortungsbereich Risikomanagement betreiben. Dies rationalisiert auch Hedging Aktivitäten auf Divisionsebene.

Breeden & Viswanathan (1996) argumentieren aufbauend darauf, dass die Signalfunktion der Management Fähigkeiten auch unter Managern unterschiedlich gehandhabt werden kann. So würden Manager, die objektiv gesehen besser sind als andere, eher Risikomanagement Programme initiieren, da sie dadurch Kompetenz signalisieren. Aus der anderen Perspektive haben junge Manager ohne bestehende Reputation mehr Anreize zu hedgen als ihre Kollegen, die sich bereits einen guten Ruf erarbeitet haben. DeMarzo & Duffie (1995) implizieren, dass Unternehmen bei hoher Informationsasymmetrie zwischen Unternehmen und Kapitalmarkt größere Vorteile aus Hedge Aktivitäten ziehen können als Unternehmen mit geringer Informationsasymmetrie.

Tufano (1996) analysiert auch diese Management Motive für Hedging in seiner Untersuchung. Er kann zeigen, dass Unternehmen, die an der Einführung von Risikomanagement interessiert sind, eher geneigt sind einen neuen CFO einzustellen, um dieses Vorhaben umzusetzen. Gleichzeitig nutzen auch eher CFOs, die ihren Posten gerade erst bekleidet haben Derivate zur Varianzminimierung der Cash Flows eines Unternehmens, im Gegensatz zu CFOs, die diese Tätigkeit in einem Unternehmen seit längerer Zeit besetzen. Ruß & Gebhard (2002) untersuchen die Validität dieser Theorie in Deutschland und finden einen positiven Zusammenhang zwischen der Höhe der Bezüge des Managements, was sie als Proxy für Managementqualität wählen und der Hedgingwahrscheinlichkeit im Unternehmen.

Géczy, Minton & Schrand (1997) versuchen den Grad der Informationsasymmetrie zwischen Kapitalmarkt und Unternehmen durch die Analystenabdeckung zu approximieren. Sie beobachten allerdings, dass entgegen der Hypothese von DeMarzo & Duffie (1995), ein positiver Zusammenhang zwischen Hedging und der Anzahl der beobachtenden Analysten besteht. Die Frage, die sich bei diesem Ergebnis stellt ist allerdings, Kausalitätsrichtung vorherrscht. Denn es kann passieren, dass Analysten eher die Firmen abdecken, die auf Grund von Hedging weniger Varianzen in den Ergebnissen aufweisen und somit die Vorhersagefähigkeit der Analysten stärken, was wiederum deren Karrieren positiv beeinflusst. Bei dieser nachvollziehbaren Argumentation wurden allerdings nicht die Thesen von DeMarzo & Duffie (1995), sondern die von Breeden & Viswanathan (1996) analysiert, denn diese argumentieren primär über die Eliminierung von Störgrößen in Unternehmensergebnissen. DaDalt, Gay & Nam (2001) machen die gleiche Beobachtung in ihrer Studie. Tatsächlich merken Géczy, Minton & Schrand (1997) an, dass es nahezu unmöglich ist den Grad der Informationsasymmetrie wie von DeMarzo & Duffie (1995) beschrieben, empirisch zu messen.

2.1.2.3 Spekulative Motive

Nach Betrachtung von nutzenbasierten Motiven von Seiten des Managements wurde in der jüngeren Vergangenheit auch eine verhaltensbasierte Motivation für Derivatetransaktionen von Seiten der Unternehmen diskutiert.

Stulz (1996) und Brown & Khoker (2005) führen an, dass das Ausmaß der im Unternehmen potenziell abzusichernden Risiken auch von der persönlichen Einschätzung des Managements abhängen kann, wie sich die Preise dieser Risiken am Kapitalmarkt entwickeln. Ein Manager, der nun der Ansicht ist die Preisentwicklung von Rohstoffen, Zinsen oder Wechselkursen einschätzen zu können, wird die Hedge Ratio entsprechend daran anpassen, in der Hoffnung überdurchschnittliche Renditen erzielen zu können. Das Ausmaß der Absicherung bzw. ein Unterlassen dieser ist folglich immer eine Funktion seiner Hybris. Dieses Modell wird entsprechend "Profit-Making" Theorie genannt. Wichtig ist jedoch die Notation, dass eine subjektive Einschätzung des Managements in vielen Fällen Fehlspekulationen am Kapitalmarkt impliziert, da es gegen das Konzept der vollständigen Informationen verstößt. Einzig denkbare Möglichkeit konstanter Überrenditen durch spekulatives Hedging ist demnach nur in Märkten mit einem hohen Grad an Informationsasymmetrie denkbar.

Stulz (1996) charakterisiert ebenfalls Unternehmen, die höhere Anreize haben, spekulativ mit Derivaten tätig zu sein. Hierbei sind eher kleine Unternehmen geneigt, aus Mangel an Wachstumsoptionen bei (noch) ausreichender Finanzkraft über Spekulationsportfolios Überrenditen zu erwirtschaften, um den Eindruck eines stabilen Unternehmens mit positiven Zukunftsaussichten zu erwecken. Ljungqvist (1994) fügt in diesem Kontext an, dass ebenfalls Unternehmen, die in der Näher finanzieller Schieflagen operieren, Anreize haben, durch eine potenzielle Volatilitätsausweitung die Chance zu nutzen im Erfolgsfall wie ein umsatzstarkes Unternehmen zu wirken, da der Verlustfall bereits ohne Spekulation droht.

Campbell & Kracaw (1999) präsentieren ein Modell welches Spekulation durch Unternehmen auch aus einer rationalen Sicht erklärt. Sie präsentieren ein Unternehmen, welches positive Zukunftsaussichten hat, dargestellt durch die Existenz von Investitionsmöglichkeiten, jedoch begrenzte Mittel der Finanzierung hat, sei es auf Grund seiner Größe bzw. seinem Zugang zum Kapitalmarkt. Ein solches Unternehmen hätte dann Anreize, spekulativ mit Derivaten tätig zu werden um die Basis der Mittel der Innenfinanzierung zu stärken, sofern der Erfolgsfall eintritt, um die existierenden Investitionsmöglichkeiten realisieren zu können.

Mozumdar (2001) kann formal zeigen, dass an Swap Märkten nur Unternehmen von Hedging profitieren, wenn sie sich in einer finanziell stabilen Lage befinden.

Unternehmen, für die das nicht zutrifft würden versuchen bei einem gegebenen Maß an Informationsasymmetrie, hochspekulativ mit Derivaten umzugehen.

Diese Argumente sind im Wesentlichen eine Erweiterung der Gedanken von Jensen & Meckling (1976) in Verbindung mit Hedging. Es zeigt sich grundsätzlich eine inhärente Problematik, Hedging von Spekulation abzugrenzen. Wenn Eigentümer vollständiges Hedging verlangen, Manager jedoch teilweise davon abweichen, so kann dies bereits als Spekulation verstanden werden, oder Manager haben auf Grund von Informationsasymmetrien bessere Informationen über die Preisentwicklungen und betreiben Derivatetransaktionen nach wie vor unter der Prämisse der Risikoreduktion. Aus empirischer Sicht gibt es einige interessante, wenngleich überraschende Einblicke.

Basierend auf dem Datensatz von Bodnar, Hayt & Marston (1998) analysieren Géczy, Minton & Schrand (2007) die Spekulation als Motiv für Hedging. Der Datensatz bietet insofern einen Vorteil, als dass dort abgefragt wurde, wie häufig das Unternehmen sein Hedge Verhalten an subjektiven Einschätzungen des Managements orientiert und entsprechend die Hedge Ratios anpasst. Die Unternehmen, die dies häufig taten wurden auf ihre Charakteristiken hin überprüft. Im Ergebnis betrachten die spekulativen Hedger die Anpassung ihrer Hedge Ratios als eine Aktivität, die positive Nettobarwerte erzielt, weil das Unternehmen glaubt Informationen über Preisentwicklungen zu haben, die der Markt noch nicht verarbeitet hat. In Zusammenhang mit Firmencharakteristiken zeigt sich, dass die Spekulanten weder höhere Zugangskosten zum Kapitalmarkt haben, noch dass sie einen niedrigeren internen Liquiditätsgrad vorweisen. Auffällig bei der Untersuchung ist, dass der CFO eines Unternehmens sich für spekulative Ideen verantwortlich zeichnet und auch mithilfe von Aktienoptionen entsprechend incentiviert ist. Der CEO, der tendenziell risikoavers incentiviert ist, überlässt es in einem Großteil der Fälle der Finanzabteilung Derivatepositionen einzugehen. Auf der anderen Seite weisen gerade die Spekulanten eine Reihe von Mechanismen auf, die eine exzessive Derivatenutzung durch regelmäßige Kontrollen unterbinden. Obwohl Unternehmen, die angeben spekulativ am Markt tätig zu sein, tendenziell das Risiko ihres Unternehmens erhöhen könnten, lässt sich aus den Geschäftsberichten nichts derartiges ablesen. Sollte es also Wertprämien am Kapitalmarkt für Hedging geben, so ließe sich nicht zwischen Hedgern und Spekulanten unterscheiden, mit tief greifenden Implikationen für das Verhältnis von Risiko und Rendite bei ansonsten gleichen Unternehmen.

Faulkender (2005) findet bei seiner Analyse des Swap Marktes in den USA Evidenz für Spekulation seitens der Unternehmen. Das Hauptmotiv hierfür findet er in der kurzfristigen Minimierung der Zinslast bei Schwankungen im Zinsmarkt. Gleichzeitig ist der Verlauf der Zinsstruktur die Hauptdeterminante für die Art der Verbindlichkeit - sei sie mit einer variablen oder fixen Zinskomponente ausgestattet. Diese Beobachtung ist konsistent mit den Theoriemodellen, dass Hedging auch spekulativ angewendet wird und Manager eher kurz- als langfristig denken, wenn es um die Absicherung von Risikoexpositionen am Fremdkapitalmarkt geht. Ebenfalls glauben die Manager in seiner Untersuchung, dass die Spekulation an der Zinsstrukturkurve über eine Laufzeitenarbitrage den Unternehmenswert erhöht und somit den Nutzen der Kapitalgeber maximiert.

Bei einer Untersuchung von 42 amerikanischen Goldproduzenten beobachten Brown, Crabb & Haushalter (2006), dass die Manager bei steigenden Goldpreisen ihre Hedge Ratios reduzieren und bei fallenden erhöhen, was impliziert, dass sie Annahmen über den Verlauf des Goldpreises in ihre Hedging Entscheidung inkorporieren. Gleichzeitig geben sie jedoch an, dass ihre Entscheidung über die zukünftige Hedging Strategie nicht von der historischen Performance ihrer Hedging Aktivitäten abhängt, was in gewisser Hinsicht irrational erscheint und somit Hedging mit

Glücksspiel gleichsetzt. Gleichzeitig unterminiert diese Beobachtung das Konzept effizienter Kapitalmärkte, da das Management sich zutraut langfristig den Markt schlagen zu können.

Ein populäres Beispiel für das Versagen von Risikomanagement auf Grund von Managementeinschätzung ist der Fall von Daimler Benz Aerospace im Jahr 1995[11]. Das Management hatte ein Auftragsvolumen über 20 Mrd. DM, welches zu rund 80% aus dem Dollarraum bedient wurde, nicht durch entsprechende Positionen am Kapitalmarkt abgesichert, da man der Ansicht war, dass der Dollar weiter aufwerten würde und man dadurch einen positiven Wechselkurseffekt realisieren könnte. Dadurch, dass er jedoch im Berichtszeitraum abwertete, mussten sofortige Rückstellungen über 1,2 Mrd. DM gebildet werden, die entsprechend den Periodenerfolg drastisch einschränkten. Für ein kleines Unternehmen ohne ausreichendes Eigenkapital hätte ein solcher Vorfall bereits zur Insolvenz führen können.

Die Frage nach der Effektivität selektiven Hedgings können Brown, Crabb & Haushalter (2006) ebenfalls teilweise beantworten. Im Vergleich zwischen Produzenten, die eine konstante und Varianz minimierende Hedging Strategie anwenden und Unternehmen, die spekulativ mit Derivaten umgehen, weisen sie nach, dass die konstanten Hedger im Schnitt mehr verdienen, als die Spekulanten. Sie schränken die Generalisierbarkeit ihrer Beobachtung jedoch ein, da auch Fälle denkbar seien, in denen Spekulanten eine positive Zahlung aus dem Spekulationsportfolio zur Akquisition von Wettbewerbern nutzen und die Kosten für die Transaktion die positive Auszahlung unter Umständen dominieren und sich der positive Effekt erst über mehrere Perioden realisiert. Adam & Fernando (2006) konnten in ihrer Studie in der Goldindustrie ebenfalls keine dauerhaften Überrenditen bei Spekulanten nachweisen.

[11] Vgl. Stulz (1996).

Diese Ergebnisse stützen die gängige Meinung, dass einzelne Manager nicht in der Lage sind den Kapitalmarkt dauerhaft zu schlagen, wobei Studien in anderen Märkten mit möglicherweise größeren Graden der Informationsasymmetrie andere Ergebnisse liefern könnten. Nichtsdestotrotz zeigen gerade diese Untersuchungen, dass der Einsatz von Derivaten nicht zwangsläufig mit Varianz minimierenden Tätigkeiten gleichzusetzen ist und Spekulation ein wichtiger Treiber von Hedge Ratios ist, die unter Umständen den Nutzen der Kapitalgeber einschränken.

2.1.3 Vermeidung von Insolvenzkosten

Die neoklassische Theorie beinhaltete anfangs keine Insolvenzkosten. Dies führte in der anfänglichen Darstellungsweise von Modigliani & Miller (1958) auch zur Irrelevanz der Kapitalstruktur eines Unternehmens. In einem späteren Artikel erweitern Miller & Modigliani (1963) die Modellwelt um Steuern und schlussfolgern, dass auf Grund der steuerlichen Abzugsfähigkeit von Fremdkapital Unternehmen nun eine Maximalverschuldung von nahezu 100% aufweisen müssten, da die Steuervorteile von Fremdkapital voll den Eigenkapitalgebern bei der Begebung von Fremdkapital zufließen müssten. In einer weiteren Arbeit stellt Miller (1977) allerdings fest, dass bei unterschiedlichen Steuersätzen für Dividendeneinkünfte und Kapitalerträge andere Kapitalstrukturen erklärbar seien. Die Struktur des Wohlstandes der Eigenkapitalgebers besteht im Falle eines verschuldeten Unternehmens aus der verbleibenden Eigenkapitalposition im Unternehmen und einem Geldbetrag in Höhe des aufgenommenen Fremdkapitals. Im Falle ungleicher Steuersätze kann der Zugewinn an Kapital über die Zinsabzugsfähigkeit von Fremdkapital durch eine höhere Besteuerung der Kapitalerträge aus der Fremdkapitalemission reduziert werden und ein Unternehmen somit geringere Verschuldungsgrade aufweisen.

Auf der anderen Seite besteht durch die Beschaffenheit von Eigenkapital mit beschränkter Haftung ein Insolvenzrisiko bei Fremdkapitalbestand in einem Unternehmen. Die Systematik von Insolvenzen und ihre Modellierung werden in Kapitel 3 detailliert beschrieben. Im Ergebnis ist die Kapitalstruktur eines Unternehmens durch die Balance von Steuervorteilen aus Fremdkapital und der damit verbundenen Insolvenzkosten determiniert[12]. Der Einfluss von Hedging setzt hierbei an der potenziellen Vermeidung von Insolvenzen und der damit verbundenen Kosten an, wie Mayers & Smith (1982)[13] und Smith & Stulz (1985) schlussfolgern. Dadurch, dass ein Unternehmen in der Lage ist, durch Hedging die Varianz seiner operativen Ergebnisse zu verringern, können extreme Verlustsituationen vermieden werden, die zur Insolvenz führen würden. Somit verbleiben die Eigenkapitalgeber öfter in der Position, den Residualgewinn nach Befriedigung der Ansprüche der Gläubiger einzustreichen, sodass Hedging für sie nutzenoptimal ist. Folglich müssten Unternehmen mit einem hohen Verschuldungsgrad mehr hedgen als Unternehmen mit einer hohen Eigenkapitalquote.

Um den Wertbeitrag von Risikomanagement quantifizieren zu können, muss in einem ersten Schritt die Höhe der Insolvenzkosten betrachtet werden. Warner (1977) zeigt anhand einer Analyse von Insolvenzen im Eisenbahnbereich, dass Insolvenzkosten auf der einen Seite durchschnittlich 5,3% des Unternehmenswertes ausmachen und auf der anderen Seite mit steigendem Unternehmenswert zum Zeitpunkt der Insolvenz unterproportional ansteigen. Dies impliziert, dass insbesondere kleine und mittelgroße Unternehmen einen höheren Anreiz haben zu hedgen, da für die Fremdkapitalgeber dieser Unternehmen die Kostenbelastung durch die Insolvenz

[12] Vgl. dazu u.a. Robichek & Myers (1965).

[13] Mayers & Smith (1982) beziehen sich auf die Studie von Diamond (1984), der für Banken gezeigt hat, dass die Diversifikation von Fremdkapitalportfolios die Varianz Ergebnisse reduziert und damit auch die Wahrscheinlichkeit einer Insolvenz. Mayers & Smith (1982) übertragen diese Schlussfolgerung auf Hedging, da Hedging auch die Varianz von Unternehmensergebnissen reduzieren kann.

proportional höher ist, als bei Großunternehmen. Ang, Chua & McConnell (1982) unterteilen die mit einem Insolvenzszenario verbundenen Kosten in 3 Gruppen: direkte administrative Kosten, die an Drittparteien bei der Eröffnung und Durchführung der Insolvenz abgeführt werden, indirekte Kosten, wie Insolvenzabschläge beim Verkauf von Aktiva sowie schlechteres Umsatzpotenzial und der Verlust von steuerlichen Verlustvorträgen, die nunmmehr verfallen[14]. Für 105 US Unternehmensinsolvenzen zwischen 1963 und 1978 können sie sowohl das Ausmaß der administrativen Insolvenzkosten, als auch den von Warner (1977) beobachteten Skaleneffekt bestätigen. Altman (1984) beobachtet in seiner Stichprobe direkte Kosten von 6,2-11,1%. Andrade & Kaplan (1998) zeigen anhand von Untersuchungen von hoch verschuldeten Unternehmen, die in finanzielle Schwierigkeiten geraten und dann in das amerikanische Insolvenzszenario "Chapter 11" gelangen, dass die Insolvenzkosten im Schnitt 10-20% des Unternehmenswertes ausmachen. Ausgehend von diesen Beobachtungen bezüglich der ökonomischen Signifikanz von Insolvenzkosten sollte Hedging durch die Vermeidung dieser einen signifikanten Wertbeitrag für die Gläubiger des Unternehmens stiften können und müsste somit von ihnen angeregt werden.

Dolde (1995) zeigt, dass die Insolvenzvermeidungshypothese im Markt beobachtet werden kann. Für US Industrieunternehmen weist er einen Zusammenhang zwischen Verschuldungsgrad und Hedging nach und dass Hedging die erwarteten Insolvenzkosten reduziert. Tufano (1996) beobachtet, dass Goldproduzenten mit steigender Verschuldung mehr hedgen. Im qualitativen Teil seiner Studie findet er einen negativen Zusammenhang zwischen der Verwendung von Derivaten und der Eigenkapitalquote, was deutlich für die Insolvenzvermeidungshypothese spricht. Haushalter (2000) weist diese Beobachtung auch für den Öl- und Gassektor nach.

[14]S. Ang, Chua & McConnell (1982), S. 219.

Andere Studien, wie die von Nance, Smith & Smithson (1993), Mian (1996) und Géczy, Minton & Schrand (1997) können im Industriequerschnitt keine eindeutige Evidenz für den Insolvenzkosten minimierenden Beitrag von Hedging nachweisen. Leland (1998) argumentiert vor diesem Kontext, dass der Grund für das nicht einheitliche Bild darin liegen könnte, dass die Höhe der Insolvenzkosten branchenbedingt variiert und Studien, die die Bedeutung der Insolvenzkostenhöhe nicht als Kontrollvariable einbeziehen, unvollständig sind. Diesem Punkt wird im weiteren Verlauf der Arbeit ebenfalls Aufmerksamkeit geschenkt.

2.1.4 Verringerung der Steuerlast

Durch die breite Betrachtung von Steuern in der Modellwelt, motivieren Smith & Stulz (1985) die Nutzung von Hedging über die Möglichkeit der Verringerung der vom Unternehmen zu tragenden Unternehmenssteuerlast.

Ausgehend von der Annahme einer konvexen Steuerfunktion auf Unternehmensgewinne, also einem steigenden Grenzsteuersatz, was dem Konzept der Steuerprogression entspricht, argumentieren Smith und Stulz, dass die Einkommensfunktion der Eigenkapitalgeber konkav ist. Dies ist intuitiv nachvollziehbar, da steigende Grenzsteuersätze, zu sinkenden Grenzerträgen bei den Eigenkapitalgebern führen. Dadurch, dass der Zusammenhang zwischen dem zu besteuernden Einkommen und Jahresüberschuss nicht mehr linear ist, hat eine Verringerung der Varianz des Unternehmensergebnisses eine Wert schaffende Funktion, wenn die Verteilungsfunktion des EBIT symmetrisch, also z.B. normalverteilt ist. Bei sinkender Varianz können somit hohe Grenzsteuersätze vermieden werden, sodass Hedging wiederum zur Maximierung der Wertfunktion der Eigenkapitalgeber führt.

Die Einbeziehung von Verlustvorträgen des Unternehmens aus Vorperioden wird hiervon ebenfalls beeinflusst. Dies kann an einem an Judge (2003) angelehnten Beispiel gezeigt werden:

Ein Unternehmen erleidet einen Verlust von 30 Mio. EUR und trägt diesen in die nächste Geschäftsperiode fort. In dieser Periode rechnet es mit einem Vorsteuerergebnis von 20 oder 40 Mio. EUR, mit einer Eintrittswahrscheinlichkeit von je 50%. Die erwartete Steuerlast beträgt bei einem Steuersatz von 30% somit

$$50\% \cdot (40 - 30) \cdot 30\% = 1,5[Mio.EUR]$$

da im Falle von 20 Mio. EUR Vorsteuerergebnis durch den Verlustvortrag keine Steuern anfallen würden. Sollte das Unternehmen jedoch durch Hedging die Varianz komplett eliminieren und den Erwartungswert von 30 Mio. EUR sicher erreichen, würden durch Ausnutzen des Verlustvortrages keine Steuern anfallen. Somit können durch Hedging 1,5 Mio. EUR mehr den Eigenkapitalgebern zugeschrieben werden, verglichen mit dem ungehedgeten Fall, trotz des gleichen Erwartungswertes. Wichtig ist die Notation, dass Steuergutschriften in ihrer zeitlichen Realisierbarkeit eingeschränkt anwendbar sind, sodass das Unternehmen daran interessiert sein muss seine erwarteten Ergebnisse sicher zu erreichen, da Steuergutschriften nicht handelbar sind und somit Opportunitätsverluste auftreten können.

Dadurch dass die Steuerfunktion nach oben hin durch einen Maximalgrenzsteuersatz gedeckelt sein muss, argumentieren Smith & Stulz (1985), dass Unternehmen, die im unteren Teil der Steuerfunktion besteuert werden, eher Anreize haben zu hedgen, als Unternehmen, deren Ergebnis oberhalb des Maximalgrenzsteuersatzes liegt. Somit würden eher kleinere Unternehmen von Hedging profitieren.

Die Einschränkung des Modells bezüglich seiner Vorhersagegüte für Hedging Aktivitäten liegt in der Komplexität der Steuergesetzgebung in den Ländern. So können

Unternehmen durch Ausnutzung der ihnen zur Verfügung gestellten Wahlrechte Umsatz- und Kostenpositionen teilweise über Perioden hinweg verschieben und somit die Höhe des erwarteten Vorsteuergewinns beeinflussen. Ebenfalls sorgt die Existenz von Steuergutschriften für die Einführung lokaler Konkavitäten in die effektive Steuerfunktion eines Unternehmens, sodass eine verallgemeinernde Aussage über die Steuerlast aller Unternehmen unmöglich wird.

Aus der empirischen Sicht können Nance, Smith & Smithson (1993) die Hypothesen von Smith & Stulz (1985) bestätigen. Ihre Methodik und Interpretationen bieten jedoch Anlass zur Kritik. Auf der einen Seite können sie das Proxy aus Steuergutschriften für Investitionsvorhaben nicht skalieren, was Aussagen zu Hedging und Unternehmensgröße unmöglich macht und auf der anderen Seite reduzieren Multikollinearitäten zwischen den Schätzvariablen die Aussagekraft der einzelnen Regressionen. Die Analyse über das Hedgeverhalten im konvexen Bereich der Steuerfunktion ist ebenfalls nur signifikant bei einem Konfidenzniveau von 80%. Der Steueraspekt in der Studie von Nance, Smith & Smithson (1993) wird deshalb aus den oben genannten Gründen nachrangig behandelt.

Allayannis & Mozumdar (2000) beobachten in ihrer Untersuchung eine entgegengesetzte Hedgesystematik der betrachteten Unternehmen. Sie stellen fest, dass die Unternehmen eher niedrige Cash Flows hedgen und höhere begrüßen, was impliziert, dass eine hohe Rendite des Vorsteuerergebnisses wichtiger ist, als potenzielle Steuermehrausgaben. Gay & Nam (1998) können die Hypothesen von Smith & Stulz (1985) nur teilweise stützen, da nicht alle Stichproben signifikant sind. Mian (1996), Géczy, Minton & Schrand (1997) und auch Haushalter (2000) kommen in ihren Studien zu einem ähnlichen Ergebnis. Graham & Rogers (2002) können zeigen, dass die Existenz von Verlustvorträgen in einem Unternehmen nicht mit einer konvexen Steuerfunktion zusammenhängt, sodass der Modellrahmen in dieser Hinsicht die Realität nicht abzubilden vermag. Sie kommen ebenfalls zu dem Schluss, dass Unternehmen primär an ihrer Ergebnismaximierung interessiert sind, als an einer symmetrischen Begrenzung der oberen und unteren Enden der Verteilungsfunktion ihrer Ergebnisse.

Basierend auf rund 80.000 Unternehmensjahren aus COMPUSTAT Daten analysieren Graham & Smith (1999) die Wirkung von Hedging auf die Steuerlast von Unternehmen. Zum einen stellen sie fest, dass die Konvexität der Steuerfunktion nur bei 50% der betrachteten Unternehmen gegeben ist. Sie finden ebenfalls, dass signifikante Steuerersparnisse durch eine Volatilitätsreduktion von rund 5% möglich seien, jedoch gelte dies nur für ein Viertel der analysierten Unternehmen. Bei den verbleibenden 75% seien die Effekte auf die Steuerlast minimal oder gar nicht erst vorhanden.

Ihr Hauptargument gegen Hedging als Instrument zur Steueroptimierung basiert auf den Kosten für die Organisation einer Risikomanagement-Abteilung sowie die mit Derivaten verbundenen Transaktionskosten. Gerade für Kleinunternehmen als Hauptnutznießer laut Smith & Stulz (1985) würden die Kosten des Hedgings den Nutzen bei Weitem übersteigen.

Dadurch, dass viele länderspezifische Steuervorschriften existieren und ebenfalls über Steuergutschriften Standortpolitik auf Individualfirmenebene betrieben wird, können Firmen im Zuge der globalen Integration einen starken Einfluss auf ihre Steuerschuld ausüben. Dies macht die Betrachtung von Hedging als Möglichkeit die Steuerlast zu minimieren teilweise obsolet oder zumindest nicht generalisierbar. Vielmehr sollte man anführen, dass lineares Hedging in der Lage sein kann positiv auf die Steuerlast zu wirken, es aber nicht muss. Gleichzeitig besteht in den vorgestellten Studien bereits eine Indikation, dass kleine Unternehmen, auf Grund der mit Hedging in Verbindung stehenden Kosten oftmals darauf verzichten müssen. Somit spricht die empirische Evidenz in Bezug auf Steuern deutlich gegen das Argument von Smith & Stulz (1985).

2.1.5 Koordination von Investitions- und Finanzpolitik

Froot, Scharfstein & Stein (1993) argumentieren, dass die Hedge Politik eines Unternhemens signifikant davon abhängen sollte, inwieweit seine Investitionsvorhaben sensitiv gegenüber der Finanzierungssituation sind. In klassischen Modellen ist die Investitionspolitik eines Unternehmens von seiner Finanzierungspolitik losgelöst, jedoch zeigen unter anderem Hoshi, Kashyap & Scharfstein (1991), dass die Investitionspolitik eines Unternehmens signifikant von seiner Finanzierungsfähigkeit abhängt und dass Unternehmen interne Finanzierungsformen externen vorziehen, wie Fazzari, Hubbard & Petersen (1988) zeigen. Gründe hierfür liegen wieder in klassischen "agency" Konflikten sowie Informationsasymmetrien zwischen dem Unternehmen und den Akteuren am Kapitalmarkt.

Ausgehend von diesen Beobachtungen schlussfolgern Froot, Scharfstein & Stein (1993), dass ein Unternehmen, welches es vorzieht seine Investitionsprojekte aus seinen erwirtschafteten Cash Flows zu realisieren daran interessiert sein muss, diese sicher planen zu können. Hierbei ist von entscheidender Bedeutung, dass die Cash Flows eine minimale Varianz aufweisen, um die Wachstumsoptionen umsetzen zu können und insbesondere auf Mittel der Außenfinanzierung zu verzichten.

Umgekehrt würde ein Unternehmen mit fixer Finanzierungspolitik unter einer Cash Flow Varianz leiden, da diese zu Schwankungen in der Investitionstätigkeit führen würde. Bei formaler Annahme einer konkaven Produktionsfunktion würde die Unterausnutzung von Investitionsprojekten entsprechend überdurchschnittlich negativ für das Unternehmen sein. Aus diesem Grund hat Hedging laut Froot, Scharfstein & Stein (1993) eine koordinierende Funktion für Investition und Finanzierung in einem Unternehmen. Diese Koordinationsfunktion schafft insofern Wert, als dass ausreichende Mittel der Innenfinanzierung gewährleistet werden können bei gleichzeitig effizienter Umsetzung von Investitionsprojekten. Ebenfalls kann ein abgesichertes Unternehmen in wirtschaftlich schwierigen Zeiten bei sinkenden Investitionsmöglichkeiten auch angeschlagene Wettbewerber übernehmen und somit seine Wettbewerbsposition dauerhaft stärken[15].

Für die Frage nach dem Grad der Absicherung von Risiken, also der Hedge Ratio, zeigen Froot, Scharfstein & Stein (1993), dass sowohl die Korrelation zwischen Investitionsmöglichkeiten und interner Finanzierungskraft, ausgedrückt durch den Cash Flow, als auch der Grad der Informationsasymmetrie zwischen Unternehmen und Kapitalmarkt die Hauptdeterminanten für die Hedge Ratio sind. So würde ein Öl förderndes Unternehmen bei steigendem Ölpreis zusätzliche Explorationsmöglichkeiten realisieren können und somit die Hedge Ratio reduzieren, während Unternehmen in Märkten mit hoher Informationssymmetrie zwischen Kapitalgebern und Management mehr hedgen würden, um ihre Abhängigkeit von Außenfinanzierungsquellen zu reduzieren.

Allayannis & Mozumdar (2000) bestätigen die Hypothesen von Froot, Scharfstein & Stein (1993) an einer Stichprobe der Unternehmen im *S&P* 500 Index. Sie zeigen, dass bei gleichen Beschränkungen im Kapitalmarktzugang, hedgende Unternehmen eine geringere Investitionssensitivität gegenüber ihrem Cash Flow aufweisen als nicht hedgende Unternehmen. Sie beobachten auch, dass historische Cash Flows die Hauptdeterminante für Investitionsentscheidungen sind, sodass in Kombination mit der niedrigeren Investitionssensitivität alles dafür spricht, dass die beobachteten Hedger kein spekulatives Hedging betreiben. Carter, Rogers & Simkins (2006) und Mian (1996) können die Hypothesen von Froot, Scharfstein

[15]Vgl. Pulvino (1998) für den Fall der Luftfahrtindustrie.

& Stein (1993) ebenfalls stützen. Insgesamt wird die Arbeit von Froot, Scharfstein & Stein (1993) trotz ihrer wichtigen Implikationen nachrangig behandelt, da im Modellkontext in Kapitel 3 keine Interdependenz zwischen Investition und Finanzierung modelliert wird.

2.1.6 Einflussfaktor Wettbewerb

Die in empirischen Untersuchungen beobachtete Heterogenität der Hedge Ratios ließ sich bisher u.a. auf Unterschiede in Kompensationsregelungen des Managements, Firmencharakteristika sowie Spekulation zurückführen. Froot, Scharfstein & Stein (1993) weisen in ihrer Arbeit jedoch auch darauf hin, dass selbst bei vermeintlich gleichen Unternehmen unterschiedliche Hedge Ratios bestehen, was Hinweise auf aktive Wettbewerbspolitik gibt. Adam, Dasgupta & Titman (2007) präsentieren ein Modell, das die Heterogenität von Hedge Ratios durch die Beschaffenheit der Wettbewerbssituation erklären kann. Im Wesentlichen zeigen sie, dass ein hoher Grad der Heterogenität in Hedge Ratios innerhalb einer Industrie besteht, wenn in der Industrie ein hoher Konzentrationsgrad vorherrscht und die Nachfrage nach dem Produkt preisunelastisch ist. Die Zahl der hedgenden Unternehmen wächst mit dem Grad der Restriktion zum Zugang zum Kapitalmarkt sowie der Marktgröße der jeweiligen Industrie. Adam, Dasgupta & Titman (2007) formulieren also im Wesentlichen die Hypothesen von Froot, Scharfstein & Stein (1993) in einem ökonomischen Modell. Ihre Arbeit zeigt somit weitere Faktoren auf, die eine Varianz in Hedge Ratios erklären könnten, sodass für ganzheitliche empirische Untersuchungen eine enorme Anzahl an Kontrollvariablen notwendig ist, um Hedging vollständig analysieren zu können, was enorme Anforderungen an die Stichproben stellt.

Nain (2004) untersucht den Wettbewerbsfaktor als Determinante in Hedge Ratios. Sie argumentiert, dass in Industrien mit einem hohen Anteil an Hedgern, weniger Varianzen in den Gewinnfunktionen bestehen, weil die Kostenfunktionen gegen Risiken abgesichert sind und dies sich auch auf die Varianz in Produktpreisen auswirkt, da die Unternehmen seltener Preisschocks an ihre Abnehmer weitergeben müssen. Sie beobachtet ebenfalls, dass in solchen Industrien diejenigen Unternehmen, die auf Wechselkurshedging verzichten mit Wertabschlägen rechnen müssen. Brown, Crabb & Haushalter (2006) können die Modellhypothesen von Adam, Dasgupta & Titman (2007) in der Goldindustrie nicht stützen, da der Wettbewerb die unwichtigste Determinante in der Hedging Entscheidung durch die Produzenten ist. Sie halten jedoch fest, dass nur wenige Banken im amerikanischen Goldgeschäft tätig sind und somit Wettbewerbseinflüsse über die Preisgebung der Banken mittelbar inkludiert seien.

Diese Beobachtungen sprechen demnach für und wider das Modell von Adam, Dasgupta & Titman (2007), jedoch ist es fraglich, ob sie Allgemeingültigkeit besitzen, da z.B. auf dem Markt für Wechselkursderivate wesentlich mehr Akteure tätig sind und einzelne Transaktionen über Bankenreaktionen nicht sichtbar sind. Tabelle 2.1 fasst die vorgestellten Theoriekonstrukte und deren empirische Überprüfung sowie die Ergebnisse dieser zusammen.

2.1.7 Wertsteigerung durch Corporate Hedging

Nach der Analyse der theoretischen Motivationen, warum es für Unternehmen vorteilhaft sein kann Hedging zu betreiben sowie ausgewählten Studien, die die jeweilige Motivation am Kapitalmarkt analysieren, sollen im Folgenden Studien vorgestellt werden, die sich explizit mit eventuellen Prämien befassen, die aus Hedging Aktivitäten resultieren können, wie auf den Seiten zuvor dargelegt wurde.

Theoriemodell	Entwickelt von	Empirische Überprüfung	Evidenz?
Risikoaversion des Managements	Smith & Stulz (1985)	Tufano (1996)	ja
		Gay & Nam (1998)	ja
		Knopf, Nam & Thornton (2002)	ja
		Haushalter (2000)	ja
		Wysocki (1998)	nein
		Geczy, Minton & Schrand (1997)	nein
		Ruß & Gebhard (2002) (Dtl.)	nein
Managementfähigkeiten	DeMarzo & Duffie (1995)	Tufano(1996)	ja
	Breeden & Viswanathan (1996)	Ruß & Gebhard (2002) (Dtl.)	ja
		Geczy, Minton & Schrand (1997)	nein
Spekulative Motive	Stulz (1996)	Geczy, Minton & Schrand (2007)	ja
	Brown & Khoker (1996)	Faulkender (2005)	ja
	Campbell & Kracaw (1999)	Brown, Crabb & Haushalter (2006)	nein
	Mozumdar (2001)	Adam & Fernando (2006)	nein
Vermeidung von Insolvenzkosten	Mayers & Smith (1982)	Dolde (1995)	ja
	Smith & Stulz (1985)	Tufano (1996)	ja
		Haushalter (2000)	ja
		Nance, Smith & Smithson (1993)	nein
		Mian (1996)	nein
		Geczy, Minton & Schrand (1997)	nein
Verringerung der Steuerlast	Smith & Stulz (1985)	Nance, Smith & Smithson (1993)	ja
		Mian (1996)	nein
		Geczy, Minton & Schrand (1997)	nein
		Gay & Nam (1998)	nein
		Graham & Smith (1999)	nein
		Allayannis & Mozumdar (2000)	nein
		Graham & Rogers (2002)	nein
Koordination von I&F	Froot, Scharfstein & Stein (1993)	Allayannis & Mozumdar (2000)	ja
		Carter, Rogers & Simkins (2006)	ja
		Mian (1996)	ja/nein
Wettbewerb	Adam, Dasgupta & Titman (2007)	Nain (2004)	ja
		Brown, Crabb & Haushalter (2006)	nein

Tabelle 2.1: Übersicht Theorie und empirische Überprüfungen

Hierbei impliziert ein höherer resultierender Nutzen der Investoren einen höheren Preis. Die Hedging Prämie wird hierbei mit Hilfe der Kennzahl "Tobin's Q" untersucht, welche, benannt nach dem Ökonomen James Tobin, das Verhältnis von Buchwerten der Aktiva eines Unternehmens zu ihrem Wiederbeschaffungswert ins Verhältnis setzt. Auf Grund der besseren Datenverfügbarkeit wird in allen Studien der Wiederbeschaffungswert der Aktiva über deren Marktwert, abgebildet über die Marktkapitalisierung des Eigenkapitals und des Buchwertes des bilanzierten Fremdkapitals verwendet.

Allayannis & Weston (2001) untersuchen 720 Industrieunternehmen aus den Vereinigten Staaten und beobachten eine Hedging Prämie in Höhe von 4,87% für Hedger, verglichen mit Nichthedgern von Wechselkursrisiken. Eventbasiert beobachten sie ebenfalls, dass Unternehmen, die anfangen Risikomanagement über Derivatetransaktionen zu betreiben vom Markt belohnt werden. Unternehmen, die kein Hedging betreiben werden marktneutral bewertet werden und Firmen, die aufhören zu hedgen müssen dafür Preisabschläge hinnehmen. In einer weiteren Studie über Wechselkurshedging analysieren Allayannis, Lel & Miller (2003) diesen Werteffekt in einer grenzübergreifenden Studie über 35 Länder mit einer Stichprobe von insgesamt 386 Unternehmen. Die Ergebnisse sind konsistent mit denen von Allayannis & Weston (2001), wobei die Prämie nunmehr 11,8% beträgt. Einer der Erklärungsfaktoren laut Allayannis, Lel & Miller (2003) liege in höheren Volatilitäten der Währungen außerhalb des Dollarraumes.

Bartram, Brown & Fehle (2004) zeigen für Unternehmen, die mit Hilfe von Derivaten auf Wechselkurse, Zinsen und Rohstoffe Risikomanagement betreiben eine durchschnittliche Wertprämie in Höhe von 0,86%. Auffällig an dieser Studie ist jedoch, dass die Wertprämie für Nutzer von Zinsderivaten rund 9% des Unternehmenswertes beträgt. Auffällig insofern, als dass zum einen die Unternehmen mit dem geringsten Verschuldungsgrad die höchsten Prämien aufweisen und zum anderen das Zinsniveau im Betrachtungszeitraum stabil war bzw. leicht gefallen ist. Ebenfalls sollte angemerkt werden, dass die relative Kostenbelastung durch Zinsen in einem Nichtfinanzunternehmen verhältnismäßig gering ist und die Wertprämien somit nicht schlüssig erklärt werden können. Bartram, Brown & Fehle (2004) argumentieren nun, dass die Nutzung von Derivaten eine Indikation dafür sei, dass die betrachteten Unternehmen einen höheren Sophistikationsgrad als andere aufwiesen und wahrscheinlich auch andere Derivate zur Riskominimierung effektiv anwendeten und die Prämien somit aus diesem Gesichtspunkt qualitativ erklärbar seien.

Carter, Rogers & Simkins (2006) beobachten unter 27 amerikanischen Fluggesellschaften Wertprämien zwischen 12 und 16% des Unternehmenswertes. Sie erklären den deutlichen Unterschied im Wertbeitrag über die hohe Exposition gegenüber Treibstoffpreisen, die zusätzlich eine signifikant höhere Volatilität als Wechselkurse oder Zinsen aufweisen. Sie stellen ebenfalls fest, dass Fluggesellschaften durch Vermeidung von adversen Preisentwicklungen in der Lage sind ihre Investitionsvorhaben besser durchführen zu können, und insbesondere in Zeiten hoher Spotpreise für Öl angeschlagene Unternehmen, analog der Logik von Pulvino (1998) akquirieren können. Für den Automobilsektor kann Niebergall (2007) in seiner Arbeit jedoch keine Evidenz für Wertgenerierung durch Hedging finden.

MacKay & Moeller (2007) analysieren für 34 Ölraffinerien modelltheoretisch einen Werteffekt, der entsteht, wenn Umsatz- und Kostenfunktionen, wenn sie primär von Rohstoffpreisen abhängen, nicht linear zusammenhängen. In einer empirischen Überprüfung beobachten sie eine Wertprämie von 2-3%, jedoch ist die Übertragbarkeit dieser Analyse auf die Gesamtwirtschaft nahezu unmöglich, da nur sehr wenige Industrien stark positiv korrelierte Input- und Outputfaktoren haben, wie Ölraffinerien.

Am Beispiel von 234 U.S. Unternehmen, die Risikomanagement betreiben, können Guay & Kothari (2003) zeigen, dass die Derivatepositionen auf der einen Seite die im Unternehmen bestehenden Risiken nicht vollständig absichern könnten und zum anderen würde der komparative Ergebnisvorteil des Hedgers im Stresstest nur rund 31 Mio. USD an zusätzlichem Unternehmenswert schaffen, was in Bezug auf die durchschnittliche Bilanzsumme von Hedgern in Höhe von 7,2 Mrd. USD verschwindend gering ist. Stresstest bedeutet hierbei, dass Guay & Kothari (2003) die Risikokomponenten Rohstoffpreis, Zins und Wechselkurs simultan um 3 Standardabweichungen erhöhen. Tufano (1996) kann in seiner mehrfach erwähnten Studie ebenfalls keinen signifikanten Wertbeitrag bei amerikanischen hedgenden Goldproduzenten nachweisen.

Auf Grund der uneinheitlichen Evidenz bezüglich eines potenziellen Bewertungsbonus, überprüfen neuere Studien zusätzlich zu den potenziellen theoretischen Treibern die Frage, ob der Kapitalmarkt überhaupt erkennt, dass Unternehmen hedgen. Tufano (1998) analysiert die Preissensitivität des Aktienkurses bezogen auf einen Risikofaktor. Er beobachtet eine signifikante Reduktion des Einflusses des Risikofaktors Gold auf die Aktienkurse und schlussfolgert daraus, dass der Kapitalmarkt die Hedging Aktivitäten der Goldproduzenten einpreist. Auf den Marktwert hingegen hat dies keinen Einfluss, wie Jin & Jorion (2007) zeigen. In einer früheren Studie, ebenfalls basierend auf der Vorarbeit von Tufano, können sie auch für die Öl- und Gasindustrie zwar eine signifikante Reduktion der Sensitivitäten des Aktienkurses gegenüber Öl- und Gaspreisen beobachten, nicht aber eine potenzielle Wertprämie. Sie schlussfolgern, dass die von der "Proposition I" von Modigliani & Miller (1958) abgeleitete Wertirrelevanz von Hedging gerade in Industrien, in denen ein deutlich sichtbares Risiko vorherrscht und in seiner Höhe ausgewiesen wird keinen Bonus verschaffen kann, auf Grund der Fähigkeit der Individualinvestoren, diese Exposition selbst abzusichern.

Zusammenfassend muss festgehalten werden, dass in Industrien mit beobachtbaren bzw. voll publizierten Expositionen gegenüber den Hauptrisiken, wie in der Rohstoffindustrie keine Werteffekte durch Hedging beobachtet werden können, wohingegen in Industriekonzernen mit multiplen und nicht einfach zu quantifizierenden Risikofaktoren Wertbeiträge durch Hedging beobachtet werden konnten. Tabelle 2.2 fast die Evidenz bezüglich des Wert schaffenden Charakters durch Hedging zusammen.

Empirische Studie	**Werteffekt (ja/nein)**	**Wertbeitrag**
Allayannis & Weston (2001)	ja	4,87%
Allayannis, Lel & Miller (2003)	ja	11,8%
Bartram, Brown & Fehle (2004)	ja	0,86 - 9%
Carter, Rogers & Simkins (2006)	ja	12 - 16%
MacKay & Möller (2007)	ja	2 - 3%
Tufano (1996)	nein	
Guay & Kothari (2003)	nein	
Jin & Jorion (2007)	nein	

Tabelle 2.2: Zusammenfassung der Studien zur Wertschaffung durch Hedging

2.2 Kritische Würdigung der Literatur und Motivation der Forschungslücke

In diesem Kapitel wurden die gängigen Theorien zum Corporate Financial Hedging dargelegt und empirische Untersuchungen dieser Theoriemotive vorgestellt. Aus der Vogelperspektive betrachtet gibt es zwei Maximierungspotenziale durch Hedging: zum einen die Maximierung des Nutzens der angestellten Manager und zum anderen die Maximierung des "Sharehoder Value" über unterschiedliche Werttreiber.

Die Maximierung des Nutzens soll im Rahmen dieser Arbeit auf Grund des alleinigen Fokus auf Wertsteigerung und Kreditqualität vernachlässigt werden, unter der Annahme, das Unternehmen eine anreizgerechte Vergütungsstruktur umsetzen in Anbetracht der Forschungsmenge in diesem Fachbereich. Für den Fall der "agency Kosten", deren theoretische Existenz unumstritten ist, die empirische Analyse auf Grund mangelnder empirischer Proxys jedoch nahezu unmöglich ist, kann basierend auf der modelltheoretischen Arbeit von Leland (1998) angenommen werden, dass der Wertbeitrag dieser Kosten von rund 3% des Unternehmenswertes eine eher untergeordnete Rolle spielt, wenn man annimmt, dass die Einführung von Hedging im Unternehmen sowie die mit Derivaten verbundenen Transaktionskosten den Wertzuschlag aufzehren könnten. Darüber hinaus lassen sich diese Kosten ebenfalls über restriktive Vertragsklauseln reduzieren, wofür Hedging nicht notwendigerweise benötigt wird.

Das Argument der Verringerung der Steuerbelastung durch Hedging ließ sich nicht nachweisen, was aus Sicht der Komplexität von Rechnungslegungs- und Steuergesetzgebung sowie der individuellen Standortpolitik von Ländern und Kommunen auch nachvollziehen lässt. Den verbleibenden Wert stiftenden Faktor stellt somit die Vermeidung von Insolvenzen und die damit verbundenen Kosten durch Hedging dar. Die Koordinationsfunktion von Hedging für die Finanzierungs- und Investitionspolitik kann zwar in Krisenzeiten Wettbewerbsvorteile und somit Wertzuwächse erklären, jedoch weicht sie zum einen die Grundannahme der gängigen Theoriemodelle auf, dass Investition und Finanzierungsentscheidungen unabhängig voneinander getroffen werden und zum anderen ist dieses Konzept eher für die Erklärung unterschiedlicher Hedge Ratios innerhalb einer Industrie geeignet, genauso wie die Inklusion des Einflussfaktors Wettbewerb oder der Spekulationsmotive. Aus diesen genannten Gründen, soll im Folgenden erörtert werden, wie Insolvenzen und ihre Vermeidung durch Hedging auf die Wertverteilung der Gläubiger eines Unternehmens wirken.

Aus Sicht der Eigenkapitalgeber kann ein Wertbonus durch langfristig komparativ höhere Ergebnisse, also eine höhere Eigenkapitalrendite, durch positive Barwerte aus dem Hedge Portfolio, realisiert werden. Den potenziellen positiven Barwerten steht allerdings gegenüber, dass die Einführung eines Risikomanagementprogramms mit Kosten verbunden ist, sodass eine potenzielle Überrendite aus Hedge Aktivitäten durch die Kosten eingeschränkt werden müsste, oder wie am Beispiel eines sehr kleinen Unternehmens begründet, sogar in negativen Nettobarwerten resultieren. Bei asymmetrischen Instrumenten, wie z.B. Optionen, kann das untere Ende der Verteilungsfunktion der Cash Flows eines Unternehmens abgeschnitten werden, sodass keine Ausfall gefährdenden Zustände in Bezug auf das abgesichterte Risiko mehr eintreten können. Dieser Zugewinn an Cash Flow muss jedoch bei gleichgewichtiger Bewertung der Optionen, die Überrendite aufzehren, da sonst Arbitragemöglichkeiten auftreten können. In Summe würde durch Hedging keine Überrendite zu erwarten sein, vielmehr soll Hedging dem Unternehmen ermöglichen, bei konstanter erwarteter Rendite ein geringeres Risiko auszuweisen.

Aus der Risikoperspektive lässt sich ebenfalls eine Gleichgewichtsbetrachtung durchführen. Ausgehend vom Capital Asset Pricing Model (CAPM) von Sharpe (1964)[16] werden im gleichgewichtigen Zustand Aktiva in einem adäquaten Risiko-Rendite Verhältnis bewertet. Sollte nun das systematische Risiko durch Hedging reduziert werden, so würde sich die Aktie parallel zu X-Achse nach links bewegen (A). Da dies aber impliziert, dass die Aktie bei weniger systematischem Risiko mehr Rendite als fair bewertete Aktien mit dieser Risikostruktur aufweist, würde die Nachfrage danach steigen und entsprechend die erwartete Eigenkapitalrendite sinken, bis sich die Aktie wieder auf der Security Market Line befindet (B). Diese aus Sharpe (1964)[17] resultierende Systematik ist zur Verdeutlichung in Abbildung 2.1 abgebildet. Die selbe Systematik gilt auch für den vorher beschriebenen Fall, nur dass im Falle einer höheren erwarteten Rendite bei weniger Risiko der Preis noch weiter steigen muss, bis eine gleichgewichtige Risiko-Rendite Kombination gefunden ist. Voraussetzung für diese Argumentation ist allerdings, dass Hedging in der Lage ist, systematisches Risiko einzudämmen. Insbesondere die Arbeit von Jin & Jorion (2006) nutzt ein 3 Faktor Modell, anstatt eines Einfaktormodells, wie das CAPM, sodass eine klare Trennung in systematisches und unsystematisches Risiko aus ihrer Studie nicht ableitbar ist, da ohne Betrachtung des Datensatzes keine Vergleichbarkeit zwischen den Regressionsergebnissen möglich ist.

[16]Vgl. dazu auch die Arbeiten von Lintner (1965) und Mossin (1966).
[17]Vgl. Sharpe (1964), S. 440.

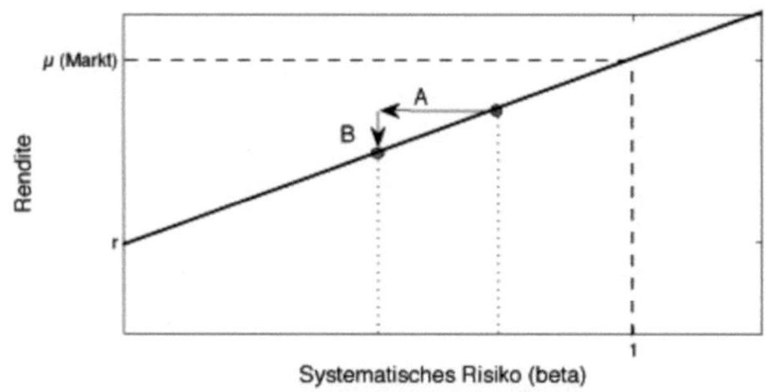

Abbildung 2.1: Gleichgewichtiger Hedge Effekt im CAPM Kontext

Diese grundlagentheoretische Betrachtung ist ebenfalls konform mit einer Barwertbetrachtung der zukünftigen Cash Flows, da bei einer niedrigeren Kapitalverzinsung der Barwert entsprechend steigen muss. Somit kann immer argumentiert werden, dass Individualinvestoren mit einem breit diversifizierten Portfolio die Aktie eines hedgenden Unternehmens so lange nachfragen, bis die Risiko-Rendite Kombination dieses Titels gleichgewichtig bewertet wird. Aus diesen Überlegungen müssten die Marktwerte des Eigenkapitals von hedgenden Unternehmen höher sein, als die Werte der nicht hedgenden Unternehmen. Über die Betrachtung von Tobin's Q, müssten Hedger auch ein höheres Q vorweisen, was jedoch nicht zwangsläufig der Fall ist, wie die Studien von Tufano (1996) und Jin & Jorion (2006) zeigen, wobei diese Studien in Branchen mit hoher Risikotransparenz durchgeführt wurden, was impliziert, dass Individualinvestoren auf Grund der Nähe zum Modell eines effizienten Kapitalmarktes die Aktie eines Hedgenden Unternehmens nicht zusätzlich nachfragen, was jedoch bedeuten würde, dass diese Titel, analog der CAPM Systematik unterbewertet sind. Auf der anderen Seite gibt die fehlende

Steigerung des Tobin‘s Q eine Indikation dafür, dass ein diversifizierter Investor die Risikofaktoren Öl, Gas und Gold für unsystematisch erachtet und somit CAPM basiert auch nicht einpreist, da diese Risiken bereits durch sein individuelles, breit diversifiziertes Portfolio eliminiert sind.

Über die Frage nach einer systematischen oder unsystematischen Risikoreduktion hinaus, relativieren Hentschel & Kothari (2001) die Minimierungsfunktion von Corporate Financial Hedging als solche. Sie zeigen anhand von 425 amerikanischen Großunternehmen, dass Hedger im Vergleich zu Nichthedgern nur insignifikante Volatilitätsreduktionen aufweisen, was das Wertschaffungspotenzial grundsätzlich in Frage stellt. Das in allen zu Grunde liegenden Arbeiten ignorierte operative Management wird in vielen Fällen unterschätzt, weil die Anzahl an Auslandsniederlassungen nur eine unzureichende Kontrollvariable darstellt.

Eine andere Erklärung für den fehlenden Werteffekt ist die Frage nach dem Konzept der Wertermittlung. Hierfür wird der zweite Teil der Wertschaffungsliteratur durch Hedging hinzugezogen: die Vermeidung von Insolvenzkosten. Investoren bewerten Unternehmen basierend auf der Summe aus dem Barwert der zukünftigen Cash Flows, dem Steuervorteil durch die Aufnahme von Fremdkapital und dem Barwert der Insolvenzkosten. Wenn Hedging, wie in vielen Studien angenommen, barwertneutral ist, dann resultiert der Werteffekt nicht aus dem Barwert der Cash Flows, sondern aus der Verringerung von erwarteten Insolvenzkosten und einer daraus resultierenden höheren Fremdkapitalkapazität nebst den daraus resultierenden Steuervorteilen[18].

Graham & Rogers (2002) versuchen in ihrer bereits erwähnten Studie den Werteffekt von Hedging Aktivitäten zu quantifizieren. Sie stellen fest, dass durch die Anwendung von Hedging die Fremdkapitalkapazität um durchschnittlich 3% steigt,

[18] Vgl. Leland (1994).

sodass über den realisierten Steuervorteil von Fremdkapital Wertbeiträge von 1,1% des Firmenwertes realisierbar seien. Sie stellen zusammenfassend fest, dass von allen existierenden Motiven für Hedging die Vermeidung von Insolvenzkosten und die damit einhergehende potenzielle Erhöhung der Verschuldung die Hauptmotivation für Hedging im Unternehmenskontext darstellen, was den Wertbeitrag angeht, jedoch vermögen sie die Insolvenzkostenminimierung nicht separat zu quantifizieren.

Für das Insolvenzrisiko könnte man annehmen, dass es idiosynkratisch ist, da die Insolvenz eines Unternehmens die Gesamtmarktrendite nicht signifikant erschüttern dürfte. Auf der anderen Seite können aggregierte Marktfaktoren Insolvenzen auslösen, was für systematisches Risiko sprechen würde. Empirisch gibt es gemischte Evidenz bezüglich der Art des Insolvenzrisikos. Während Lang & Stulz (1992) und Denis & Denis (1995) Evidenz für systematisches Risiko bei hochverschuldeten Unternehmen finden, beobachten Opler & Titman (1994), Asquith, Gertner & Scharfstein (1994) und Dichev (1998), dass Insolvenzrisiko unsystematisch ist.

In allen Fällen wird Insolvenzrisiko jedoch stärker bei der Bewertung von Fremdkapital hinzugezogen, als bei der Bewertung von Eigenkapital. Dies ist auch der Hauptkritikpunkt bei allen im Hedging Kontext angeführten Studien, denn sie nutzen als Approximation für Werteffekte die bereits kurz erläuterte Kennzahl Tobin's Q, welche definiert wird als:

$$\frac{Buchwert \quad Aktiva - Buchwert \quad Eigenkapital + Marktwert \quad Eigenkapital}{Buchwert \quad Aktiva} \tag{2.1}$$

Dies hat zur Folge, dass die Fremdkapitalposition unabhängig von ihrer Risikostruktur als Buchwert bemessen wird, beziehungsweise keine Inklusion des zu leistenden Coupons, als notwendige Bezugsgröße für die relativen Fremdkapitalkosten, stattfindet. Da sich für die Fremdkapitalgeber durch Hedging auch das Insolvenzrisiko verändert, muss sich folglich auch der Marktwert der Fremdkapitalposition verändern. Somit fehlt diese Gläubigergruppe bisher nahezu vollständig in der Fragestellung nach den Werteffekten von Corporate Financial Hedging.

Somit kann auch über die Zusammenfassung von Stulz (1996) und über die Beobachtungen von Allayannis & Mozumdar (2000), dass Unternehmen eher an der Vermeidung von Extremzuständen am unteren Ende der Verteilungsfunktion interessiert sind, argumentiert werden, dass hauptsächlich die Fremdkapitalgeber an Hedging interessiert sein müssten, da die Eigenkapitalgeberposition bereits wertlos ist, sobald das Unternehmen Insolvenz anmeldet. Wieviel davon jedoch an die Fremdkapitalgeber zurückfließt ist wiederum eine Frage des Wertes der Insolvenzmasse. Diese wird jedoch auch durch die Beschaffenheit des Risikomanagements determiniert. Denn je mehr Risiken, unabhängig von der Art des derivativen Instrumentes, eingedämmt werden, desto höher ist die erwartete Rückgewinnungsrate für die Fremdkapitalgeber. Folglich muss für die Gläubigergruppe der Fremdkapitalgeber eingehend untersucht werden, ob und wie sich der Einfluss von Corporate Financial Hedging auf die Risikostruktur des Fremdkapitals vor dem Hintergrund sinkender Insolvenzwahrscheinlichkeit und den damit verbundenen Kosten entwickelt, um die bestehenden Arbeiten über Corporate Financial Hedging zu vervollständigen. Da sich der Unternehmenswert, wie beschrieben, aus Eigen- und Fremdkapitalwerten zusammensetzt und man bei Eigenkapitaltiteln keine einheitliche Aussage treffen kann, soll der Werteffekt durch Hedging auf den Unternehmenswert im Rahmen der vorliegenden Dissertation über die Fremdkapitalgeber beleuchtet werden.

Für diese Analyse gibt es im Grunde nur die Arbeit von Leland (1998), der ein Kapitalstrukturmodell entwickelt, welches neben der Analyse von "agency" Kosten auch den Gesamtunternehmenswert bei unterschiedlichen Volatilitäten der Aktiva ermittelt, die durch Hedging reduziert werden. Jedoch vermag Leland nicht, Hedging explizit zu modellieren, sodass eine Analyse unterschiedlicher Hedge Ratios unmöglich ist. Ross (1996) vermag zwar explizite Techniken für Hedging zu verwenden, jedoch nutzt er Produkte, die mit den Aktiva eines Unternehmens korreliert sind, obwohl die Risikopositionen eines Unternehmens in der Gewinn- und Verlustrechnung wirken und seine Aussagen somit nicht generalisierbar sind.

Aus diesen Gründen wird die vorliegende Arbeit die Position der Fremdkapitalgeber unter unterschiedlichen Hedge Regimes analysieren und etwaige Werteffekte sowie die Kreditqualität betrachten, um diesen bisher in der Hedgingliteratur vernachlässigten Themenkomplex aufzuarbeiten.

Kapitel 3

Bewertung von Fremdkapitaltiteln

Im vorangegangenen Kapitel wurden multiple Gründe aufgeführt, warum Hedging im Unternehmenskontext sinnvoll ist und den Unternehmenswert positiv beeinflussen kann und dass insbesondere Wertpotenziale auf der Fremdkapitalseite bestehen könnten, sofern das Kreditrisiko eines Unternehmens durch Hedging reduziert werden kann. Für eine modelltheoretische Überprüfung dieser Aussagen können Strukturmodelle Antworten liefern, da sie die Bewertung von Unternehmen vor dem Kontext unternehmensspezifischer Charakteristika, die modellendogen verarbeitet werden, ermöglichen und die Wertbeiträge der einzelnen Anspruchshalter separat ausweisen. Insbesondere lässt sich über diese Betrachtung die Auswirkung von Hedging auf das Kreditrisiko eines Unternehmens untersuchen und somit die Forschungslücke in diesem Bereich schließen.

In diesem Kapitel sollen die gängigen Kreditrisikomodelle vorgestellt und voneinander abgegrenzt werden, um anschließend das Modell von Goldstein, Ju & Leland (2001) aus der Klasse der Strukturmodelle mit endogener Ausfallschwelle für den weiteren Gang der Untersuchung zu motivieren und detailliert vorzustellen.

3.1 Einleitung

Unternehmen versuchen im Rahmen ihrer Geschäftstätigkeit positive Nettobarwerte aus ihnen zur Verfügung stehenden Investitionstätigkeiten zu generieren. Hierfür stehen dem Unternehmen spezifische Aktiva zur Verfügung, wie zum Beispiel Produktionsstätten jeglicher Art, Umlaufvermögen oder Barmittel. Die Aktiva des Unternehmens werden durch Eigen- und Fremdkapital finanziert, wobei gerade im Falle der Fremdkapitalfinanzierung Zustände auftreten können, bei denen die Gläubiger nicht vollständig befriedigt werden können und das Unternehmen demnach insolvent wird.

Die deutsche Insolvenzordnung (InsO), die als Nachfolger der Konkursordnung seit Januar 1999 besteht, nennt im Wesentlichen drei Ursachen bzw. Eröffnungsgründe für eine Insolvenz:

- Zahlungsunfähigkeit[19]
- Drohende Zahlungsunfähigkeit[20]
- Überschuldung[21]

Im Falle der Zahlungsunfähigkeit bzw. der drohenden Zahlungsunfähigkeit ist das Unternehmen als Schuldner nicht in der Lage seinen Zahlungsverpflichtungen gegenüber seinen Gläubigern nachzukommen, wie zum Beispiel der Zahlung für Wareneinkäufe, oder der Leistung einer Zinsverpflichtung. Im Falle der Überschuldung kann das Vermögen des Schuldners die Positionen des Gläubigers nicht mehr decken und die Aktiva müssen liquidiert werden, um zumindest anteilig die Gläubigerposition befriedigen zu können. Hierbei ist die Notation wichtig, dass eine

[19]Vgl. § 17 InsO.
[20]Vgl. § 18 InsO.
[21]Vgl. § 19 InsO.

Insolvenz im Grunde nur vor dem Kontext beschränkter Haftung auftreten kann sowie nur bei Existenz von Fremdkapital. Im Falle der reinen Eigenkapitalfinanzierung stehen dem Unternehmen immer nur Aktiva in Höhe des Eigenkapitals zur Verfügung, sodass bei stetiger Reduktion dieser das Unternehmen irgendwann nicht mehr zu einer operativen Tätigkeit fähig ist und das Eigenkapital in der Folge wertlos wird. Für Fremdkapital hingegen besteht auf Grund des festen Anspruchs gegen die Aktiva eines Unternehmens und insbesondere durch die feste Zinszahlungsverpflichtung ein Ausfallrisiko, da auf Grund der beschränkten Haftung des Unternehmens gegenüber den Fremdkapitalgebern keine Möglichkeit besteht, in das Privatvermögen der Eigenkapitalgeber hineinzupfänden[22]. Das Risiko der Fremdkapitalgeber lässt sich dementsprechend dadurch klassifizieren, dass für sie eine Ausfallwahrscheinlichkeit besteht, weil der Unternehmenswert stochastisch ist. Durch die Bereitstellung von Fremdkapital gehen Fremdkapitalgeber folglich Risiken ein, die über Risikoprämien abgegolten werden müssen, bzw. ex-ante in den Kreditvertrag eingepreist werden müssen.

Die Frage nach der Erklärung dieser Risikoprämie als Differenz aus den relativen Kosten von Fremdkapitaltiteln im Vergleich zum risikolosen Zinssatz war ein wichtiger Gegenstand in der Finanzliteratur des 20. Jahrhunderts. Während ein Forschungsstrang Risikoprämien als Resultat makroökonomischer Faktoren betrachtete[23], folgte ein anderer der Idee, Risikoprämien stünden in funktionalem Zusammenhang zu unternehmensspezifischen Faktoren. Dieser Forschungszweig befasst sich mit Eventualansprüchen von Gläubigern, deren Größe sich am Wert des Unternehmens, gegen das die Ansprüche gerichtet sind, orientieren. Die Analyse dieser

[22]Straftatbestände, die gewisse Möglichkeiten des Durchgriffs in das Privatvermögen der Eigenkapitalgeber zulassen sind außerhalb des Fokus dieser Arbeit.

[23]Jones, Mason & Rosenfeld (1984) führen hierfür die Arbeiten von u.a. Sloan (1963) und Jaffee (1975) an.

bedingter Ansprüche (contingent claim analysis) wurde durch Merton (1974) funktional modelliert, nach empirischer Vorarbeit von u.a. Fisher (1959), der regressionsbasiert versuchte, Risikoprämien aus Unternehmenscharakteristika abzuleiten. Auf Grund der funktionalen Modellierung von Ausfallereignissen beziehungsweise der Implementierung ökonomischer Sachzusammenhänge wurde diese Modellklasse als Klasse der Strukturmodelle (structural models) bezeichnet. In deutschen Arbeiten in diesem Themengebiet werden auch die Begriffe "strukturelles Modell" oder "strukturelles Firmenwertmodell" verwendet, was jedoch äquivalent zum Begriff Strukturmodell ist, welcher in dieser Arbeit maßgeblich verwendet wird.

Neben Strukturmodellen existiert auch eine andere Modellform zur Analyse des Kreditrisikos eines Unternehmens - die so genannten Reduktionsmodelle. Reduktionsmodelle bilden zusammen mit Strukturmodellen die Kategorie der Kreditrisikomodelle. Die Bezeichnung Reduktionsmodell (reduced-form model) wurde durch Duffie & Singleton (1999) geprägt. Reduktionsmodelle modellieren den Ausfallzeitpunkt basierend auf einem Sprungprozess, sodass die Insolvenz, ausgelöst durch einen Schock, sozusagen zufällig eintritt, ohne dass eine explizite ökonomische Dynamik dahinter stünde. Auf Grund der Sprungkomponente sind Reduktionsmodelle in der Lage für jede Art von Fälligkeit positive Risikoprämien zu generieren. Modellunterschiede bestehen hierbei in der Modellierung des Sprungprozesses, der Ausfallhöhe, dem zu Grunde liegenden Zinsmodell und dem Zulassen bzw. Modellieren von Abhängigkeiten zwischen den Prozessen. Prominente Beispiele für Reduktionsmodelle sind Jarrow & Turnbull (1995), Das & Tufano (1996), Jarrow, Lando & Turnbull (1997), Madan & Unal (1998), Lando (1998), Duffie & Singleton (1999) und andere.

Reduktionsmodelle bilden die Entstehung einer Insolvenz in einer hoch aggregierten Form ab und sind auf Grund ihrer praxisnahen Kalibrierung und Prädiktionsgüte sehr beliebt. Allerdings geht die Vorhersagegüte dieser Modelle mit der

Problematik einher, dass die berechneten Ausfallwahrscheinlichkeiten und die daraus abgeleiteten Risikoprämien jeglicher ökonomischen Kausalität entbehren, da die durch statistisch-mathematische Analysemethoden kalibrierten Faktoren ökonomisch nicht interpretierbar sind. Somit ist es auch unmöglich die Hedging Entscheidung mit dieser Modellklasse endogen zu modellieren. Grundlage dieser Arbeit sollen aus diesem Grund einzig Strukturmodelle sein, auf Grund ihrer Fähigkeit, Insolvenztatbestände und die damit verbundenen ökonomischen Sachzusammenhänge explizit abbilden zu können.

3.2 Strukturmodelle als Untergruppe von Kreditrisikomodellen

Grundlage für die Bewertung bedingter Ansprüche war die von Black & Scholes (1973) und Merton (1973) initiierte Darstellungsweise von Gläubigern als Haltern von Optionen auf das Unternehmensvermögen. Da Eigenkapitalgeber den Residualanspruch auf den Unternehmenswert nach Bedienung der Fremdkapitalgeber haben, entspricht ihr Auszahlungsschema (EK) einer Kaufoption auf den Unternehmenswert(V), bzw. entsprechend der put-call Parität einem Portfolio aus Unternehmenswert, dem Fremdkapitaltitel, als Nennwert einer Nullcouponanleihe ($\bar{FK}$) und einer europäischen Verkaufsoption auf den Unternehmenswert mit dem Ausübungspreis in Höhe des Fremdkapitaltitels.

$$EK(V) = V - \bar{FK}e^{-rt} + Put(V) = Call(V) \tag{3.1}$$

Analog entspricht das Auszahlungsschema der Nullcouponanleihe der Fremdkapitalgeber ($FK(V)$) dem eines Portfolios aus einer short-put Position auf den

Unternehmenswert mit Ausübungspreis in Höhe der Nullcouponanleihe und einer Cash Position in Höhe der Nullcouponanleihe ($\bar{FK}$):

$$FK(V) = min(V, \bar{FK}) = \bar{FK} - Put(V). \tag{3.2}$$

Während Black & Scholes (1973) eine geschlossene Lösung für die Bewertung von Optionen präsentierten, setzte Merton (1974) diese Bewertungssystematik in einem Modell zur Bewertung bedingter Ansprüche gegen ein Unternehmen um.

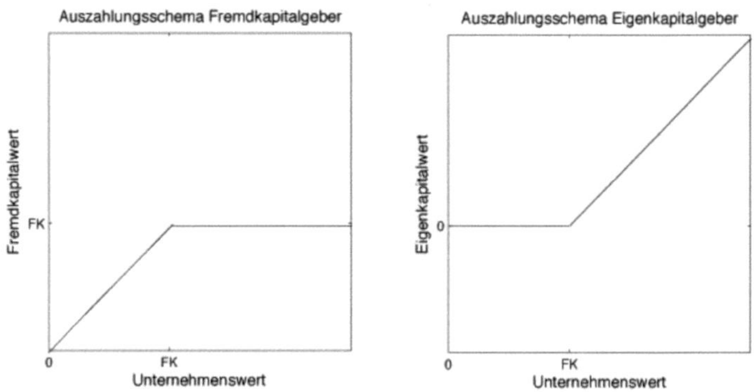

Abbildung 3.1: Gläubiger als Halter von Optionen

Dieser Bewertungsrahmen bildet die Grundlage für Strukturmodelle. Hierbei bestehen je nach Modell Unterschiede in der Definition des Ausfallereignisses sowie der Modellierung der dahinter liegenden Treiber. Möglichkeiten der Einordnung von Strukturmodellen sind sowohl nach ihrer zeitlichen Entwicklung, nach ihrer Modellarchitektur sowie nach ihren ökonomischen Prämissen möglich. Die hier vorgenommene Unterteilung orientiert sich an der von Uhrig-Homburg (2002) angewandten Strukturierung, die die Modellarchitektur eines Modells als Unterscheidungskriterium wählt. Sie unterscheidet Strukturmodelle in Modelle mit exogen gegebener und endogen hergeleiteter Ausfallschwelle.

3.2.1 Strukturmodelle mit exogener Ausfallschwelle

Das Modell von Merton (1974) als Grundlagenmodell für alle Strukturmodelle, geht von einer exogen gegebenen Ausfallschwelle aus, die - falls zum Fälligkeitszeitpunkt T des Fremdkapitaltitels durch den Wert der Aktiva des Unternehmens unterschritten ist - die Insolvenz einleitet. Im Modellrahmen entspricht die Ausfallschwelle der Höhe der Nullcouponanleihe, sodass die Insolvenz eintritt, wenn

$$V_T < \bar{FK}, \tag{3.3}$$

also der Unternehmenswert zum Fälligkeitszeitpunkt weniger Wert ist als der Gläubigeranspruch der Fremdkapitalposition. Dies entspricht dem Insolvenztatbestand der Überschuldung.

Das Modell geht von acht Grundannahmen aus, von denen die letzten fünf in nachfolgenden Strukturmodellen aufgeweicht wurden, um ökonomische Sonderaspekte zu beleuchten. Die Annahmen sind:

1. Marktteilnehmer sind Preisnehmer.
2. Identität von Kredit- und Anlagezins.
3. Leerverkäufe sind zugelassen.
4. Keine Transaktionskosten und Steuern bei vollständiger Teilbarkeit aller Aktiva.

5. Handel findet zeitstetig statt.

6. Der Unternehmenswert ist invariant bezüglich der Kapitalstruktur.

7. Der risikofreie Zinssatz r ist konstant.

8. Die Dynamik des Unternehmenswertes wird durch einen stochastischen Prozess der Form:

$$dV = (\alpha V - C)dt + \sigma V dz \tag{3.4}$$

beschrieben, wobei α die Rendite auf das Unternehmensvermögen darstellt und C die absolute Zahlung an die Anspruchshalter, seien es Eigen- oder Fremdkapitalgeber. Sie ist positiv für Auszahlungen an die Gläubiger und negativ im Falle einer Kapitalaufnahme. σ ist die Volatilität der Unternehmensrendite und dz ist ein Standard Wiener Prozess.

Merton (1974) nutzte die von Black & Scholes (1973) beschriebene Logik der Darstellung der Kapitalgeber eines Unternehmens als Halter von Optionen auf das Unternehmensvermögen, um eine weitere Analyse der Ansprüche, insbesondere der Risikoprämie für Fremdkapital, durchführen zu können. Hinführend hierzu wurde auch die allgemeine partielle Differenzialgleichung erstellt, die ein beliebiges Derivat auf einen gegebenen Basiswert erfüllen muss, deren Entwicklung nun analog Merton (1974)[24] vorgestellt werden soll.

Es soll die Existenz eines Wertpapiers Y angenommen werden, dessen Wertentwicklung exakt der Dynamik des zu Grunde liegenden Unternehmens entspricht.

[24]Vgl. Merton (1974), S. 451ff

Y ist demnach eine Funktion des Unternehmenswertes und der Zeit: $Y = F(V, t)$. Als Differenzialgleichung dargestellt bedeutet dies:

$$dY = (\alpha_Y Y - C_Y)dt + \sigma_Y Y dz_Y, \tag{3.5}$$

mit den gegebenen Parametern, die sich entsprechend auf das Wertpapier beziehen. Merton argumentiert nun, dass ausgehend von der Konstruktion dieses Wertpapiers in Abhängigkeit des zu Grunde liegenden Unternehmens eine funktionale Abhängigkeit zwischen den Parametern des Unternehmens und denen des Wertpapiers besteht. Nach Anwendung von Itô's Lemma[25], lässt sich die die Dynamik von Y über folgende Differenzialgleichung darstellen:

$$dY = \left[\frac{1}{2}\sigma^2 V^2 F_{VV} + (\alpha V - C)F_V + F_t\right] dt + \sigma V F_V dz, \tag{3.6}$$

wobei die Indizes partielle Ableitungen darstellen. Setzt man nun die Gleichungen (3.5) und (3.6) gleich, so ergeben sich für die Parameter, basierend auf der Architektur des Wertpapiers, folgende notwendige Äquivalenzbeziehungen:

$$\alpha_Y Y = \alpha_Y F \equiv \frac{1}{2}\sigma^2 V^2 F_{VV} + (\alpha V - C)F_V + F_t + C_Y, \tag{3.7a}$$

$$\sigma_Y Y = \sigma_Y F \equiv \sigma V F_V, \tag{3.7b}$$

$$dz_Y \equiv dz. \tag{3.7c}$$

Um die Bewertung eines Anspruchs im risikoneutralen Kontext zu ermöglichen, muss es möglich sein, aus den gegebenen Anlagen ein risikoloses Portfolio zu kreieren, welches in einem effizienten Kapitalmarkt existieren kann und man somit von

[25]Vgl. Anhang A.1.

individuellen Risikopräferenzen abstrahieren kann. Die Konstruktion dieses Portfolios darf entsprechend den Bedingungen effizienter Kapitalmärkte keine Kosten verursachen und entsprechend der Abwesenheit von Risiko nur die risikolose Rendite generieren. Wenn nun W_1 der Betrag sei, der in den Wert der Zustandsvariable und W_2 der Betrag sei, der in das Wertpapier investiert sei, so müsste gemäß der Prämisse der Kostenfreiheit W_3 der am Kapitalmarkt zu leihende Betrag sein, mit $W_3 \equiv -(W_1 + W_2)$. Sei dX die absolute instantane Rendite des Portfolios, so gilt:

$$
\begin{aligned}
dX &= W_1 \frac{(dV + Cdt)}{V} + W_2 \frac{(dY + C_Y dt)}{Y} + W_3 r dt, \qquad (3.8)\\
&= [W_1(\alpha - r) + W_2(\alpha_Y - r)]\, dt + W_1 \sigma dz + W_2 \sigma_Y dz_Y,\\
&= [W_1(\alpha - r) + W_2(\alpha_Y - r)]\, dt + [W_1 \sigma + W_2 \sigma_Y]\, dz \quad \text{(aus 3.7c)}.
\end{aligned}
$$

Die Bedingung der Risikolosigkeit setzt voraus, dass der stochastische Term $dz = 0$ ist. Arbitragefreiheit bedeutet, dass eine Investition in das Portfolio nur eine risikolose Rendite erwirtschaften kann. Die Bedingungen der Abwesenheit von Portfoliorisiko und Arbitrageprofiten sind gegeben durch:

$$W_1 \cdot \sigma + W_2 \cdot \sigma_Y = 0 \qquad \text{(risikolos)}, \qquad (3.9a)$$

$$W_1 \cdot (\alpha - r) + W_2 \cdot (\alpha_Y - r) = 0 \qquad \text{(arbitragefrei)}. \qquad (3.9b)$$

Gleichung (3.9b) in (3.9a) eingesetzt zeigt, dass das Gleichungssystem nur lösbar ist (losgelöst von der trivialen Lösung $(W_j = 0)$), wenn immer gilt:

$$\left(\frac{\alpha - r}{\sigma}\right) = \left(\frac{\alpha_Y - r}{\sigma_Y}\right). \qquad (3.10)$$

Diese Bedingung führt über Einsetzen der Komponenten aus (3.7) und Umformung zur partiellen Differenzialgleichung, die jedes Wertpapier erfüllen muss, das ein Derivat auf eine zu Grunde liegende Zustandsvariable ist und von dessen Wert und der Zeit abhängt:

$$0 = \frac{1}{2}\sigma^2 V^2 F_{VV} + (rV - C)F_V - rF + F_t + P, \tag{3.11}$$

wobei P die Auszahlung des Wertpapiers darstellt. Geschlossene Lösungen lassen sich nun für die Bewertung der Derivate auf die zu Grunde liegenden Zustandsvariablen finden, indem man die Randbedingungen dieser Wertpapiere einbezieht, die sich aus dem Auszahlungsschema definieren.

Wichtig ist jedoch zu bemerken, dass für die Bewertung eines Derivats neben der Dynamik des Basiswertes und der Zeit nur die Auszahlungspolitik des Unternehmens sowie die Auszahlungsstruktur des Derivats, der risikolose Zinssatz und die Volatilität der Zustandsvariable eine Rolle spielen. Durch die Konstruktion eines risikolosen Portfolios in einem effizienten und somit arbitragefreien Markt lässt sich die Bewertung sowohl von Risikopräferenzen, als auch von Renditeerwartungen der Zustandsvariable abstrahieren, sodass der Wert des Derivats einen handelbaren Marktwert darstellt.

Die Bewertung der Ansprüche der Kapitalgeber ist nun möglich, wobei im Modell die Auszahlung $P = 0$ ist, da es sich bei den Wertpapieren um eine Nullcouponanleihe und Aktien ohne Dividendenzahlungen handelt. Durch die Anwendung der Black & Scholes Bewertungsgleichungen, lassen sich nun in geschlossener Form die Ansprüche der Eigen- und Fremdkapitalgeber bewerten.

Da, wie eingangs erläutert, eine Unternehmensinsolvenz faktisch nur bei Existenz von Fremdkapital auftreten kann, besteht folglich die Notwendigkeit eine Analyse des Anspruchs der Fremdkapitalgeber anzustreben. Merton (1974) liefert hierbei zwei wichtige und für Strukturmodelle symptomatische Analysen. Zum einen stellt der Coupon die Kosten des Fremdkapitals dar, sodass nach Abzug des risikolosen Zinssatzes die Risikoprämie ermittelt werden kann, die modellendogen aus den Parametern der Dynamik des Unternehmenswertes ermittelt werden kann und wie gefordert in einem funktionalen ökonomischen Zusammenhang zu den Unternehmenscharakteristika steht. Ebenfalls lässt sich aus der stochastischen Komponente die Ausfallwahrscheinlichkeit des Fremdkapitaltitels ableiten, sodass das Unternehmensrisiko, das aus der immanenten Volatilität resultiert sowohl aus der Prämiensicht, als auch aus der Sicht des erwarteten Ausfalls beleuchtet werden kann.

Das Modell von Merton (1974) bietet trotz der eleganten Herangehensweise einige Punkte zur Kritik. Zum einen ist die Annahme friktionsloser Kapitalmärkte zu restriktiv, zum anderen ist eine Nullcouponanleihe als ausgewähltes Fremdkapitalinstrument ohne andere im Rang unterschiedliche Titel sehr einfach gewählt, da die Ausfallschwelle bis zur Fälligkeit des Titels null ist. Das Hauptproblem besteht jedoch darin, dass für sehr kurze Laufzeiten der Fremdkapitaltitel der Risikoaufschlag gegen 0 geht, da der Diffusionsterm den Unternehmenswert in einem so kurzen Intervall nicht unter die Ausfallschwelle führen kann. Anders ausgedrückt ist der Erwartungswert des Unternehmenswertes für kurze Zeitperioden deterministisch und das Fremdkapital somit nicht risikobehaftet, was jedoch nicht der Realität entspricht.

Aus empirischer Sicht zeigen Jones, Mason & Rosenfeld (1983, 1984), dass Strukturmodelle Varianzen in Risikoprämien erklären können. Hierzu erweitern sie das Modell von Merton (1974), indem sie multiple Fremdkapitaltitel, mit unterschiedlichen Laufzeiten und Tilgungsvereinbarungen einführen und diese am Kapitalmarkt gegen ein naives Modell testen, welches von risikolosen Fremdkapitaltiteln ausgeht. Das Modell ist dem naiven gegenüber zwar überlegen, zeigt in der Prädiktion jedoch zu geringe Risikoprämien, was wie beschrieben in der Natur der Modellierung liegt.

Über das Merton Modell hinaus existiert für die Modellklasse der Strukturmodelle mit exogener Ausfallschwelle eine Reihe von Erweiterungen, die den funktionalen Zusammenhang zwischen Unternehmenscharakteristika und der Insolvenz erweitern. Die erste setzt an der Insolvenzursache an. Während im Merton Modell von 1974 die Insolvenz auf Grund einer bilanziellen Überschuldung eintritt, modellieren Kim, Ramaswamy & Sundaresan (1993) den Cash Flow eines Unternehmens als Zustandsvariable, sodass die Insolvenz durch den Tatbestand der Illiquidität eintritt, sodass nun Modellierungen für beide Insolvenztatbestände existieren. Die exogen gegebene Ausfallschwelle orientiert sich in ihrem Modell an einer Cash Flow Schwelle, die aus einer vorab festgelegten, optimalen exogen gegebenen Produktions- und Investitionsentscheidung resultiert[26]. Ebenfalls lockern Kim, Ramaswamy & Sundaresan (1993) die Annahme konstanter Zinsen, in dem sie den risikolosen Zinssatz nun stochastisch modellieren, indem sie ein stochastisches Zinsmodell von Cox, Ingersoll & Ross (1985) verwenden, welches auch eine Korrelation zum Prozess des Unternehmenswertes zulässt. Auf Grund der Komplexität des Zinsmodells, können Kim, Ramaswamy & Sundaresan (1993) jedoch keine geschlossenen Lösungen für die Bewertung ermitteln, sodass diese numerisch approximiert werden müssen. Sie zeigen an der Kalibrierung ihres Modells durch die Daten von Jones, Mason & Rosenfeld (1984), dass die Risikoprämien durch ihre Erweiterungen signifikant steigen. Die Hinzunahme von stochastischen Zinsen hat zwar einen Einfluss, jedoch von insignifikanter Größe.

[26]Vgl. Kim, Ramaswamy & Sundaresan (1993), S.120.

Longstaff & Schwartz (1995) nutzen das stochastische Zinsmodell von Vasicek (1977), welches eine geschlossene Lösung für die Bewertung der Ansprüche zulässt. Ferner ermöglichen Longstaff & Schwartz (1995) auch die Bewertung von multiplen Titeln mit unterschiedlichen Fälligkeiten und Senioritäten. Eom, Helwege & Huang (2004) kalibrieren das Modell mit Anleihenkursen und stellen zwar eine Verbesserung gegenüber der strukturellen Unterschätzung der Risikoprämien durch Merton (1974) fest, jedoch überschätzt das Modell die Risikoprämien für risikoreichere Bonds. Insgesamt stellen Eom, Helwege & Huang (2004) fest, dass das Zinsmodell offenbar schlecht gewählt ist, da unterschiedliche Kalibrierungen eine hohe Variation in der Prädiktionsgüte der Risikoprämien mit sich bringen.

3.2.2 Strukturmodelle mit endogener Ausfallschwelle

Die Schwierigkeit, welche Strukturmodelle mit exogener Ausfallschwelle mit sich bringen, ist dass der Beobachtungszeitpunkt dieses Ausfalls immer nur zur Fälligkeit des Titels stattfindet. Aus diesem Grund wurde bereits recht früh überlegt, wie man den Ausfall konkretisieren könnte, um einen allumfassenden Blick auf den Insolvenzprozess zu erhalten, insbesondere bei Titeln mit unterjährigen Couponzahlungen. Eine endogene Ausfallschwelle bedeutet in der ökonomischen Interpretation nichts anderes, als dass die Entscheidung der Insolvenz durch die Kapitalgeber getroffen wird.

Black & Cox (1976) fügen Kreditvereinbarungsklauseln (safety covenants) in die Modellarchitektur ein. Dieser Modellierungsschritt geht unter anderem mit der Arbeit von Jensen & Meckling (1976) einher, um Interessenskonflikte zwischen Eigen- und Fremdkapitalgebern zu lösen. Dies geschieht mit dem Effekt, dass im Gegensatz zu den vorgestellten Modellen, die Eigenkapitalgeber keine Aktiva mehr liquidieren können, um die Couponzahlungen zu leisten, sondern die notwendigen Cash Flows über Kapitalerhöhungen generieren müssen. Hierdurch entsteht die Möglichkeit, dass Insolvenzen vor Fälligkeit des Fremdkapitals auftreten können. Wenn man sich den stochastischen Verlauf des Unternehmenswertes im Intervall von 0 bis zur Fälligkeit T anschaut, so ist es möglich, dass sich der Wert des Unternehmens zwischenzeitlich unter der Ausfallschwelle befindet, zur Fälligkeit jedoch wieder positiv wird. Wenn die Eigenkapitalgeber nun in einer Phase eines niedrigen Unternehmenswertes versuchen eine Kapitalerhöhung durchzuführen, werden sie auf Grund des kurzfristig geringen Wertes den Coupon nicht leisten können, da die Eigenkapitalposition nicht von null verschieden ist, und somit eine ausreichend hohe Kapitalerhöhung unmöglich ist. Abbildung 3.2 verdeutlicht diese Systematik noch einmal. Während die zuvor vorgestellten Modelle keine Insolvenz feststellen würden, wäre nach Black & Cox (1976) bereits drei Mal ein Insolvenztatbestand bis zur Fälligkeit des Fremdkapitals eingetreten.

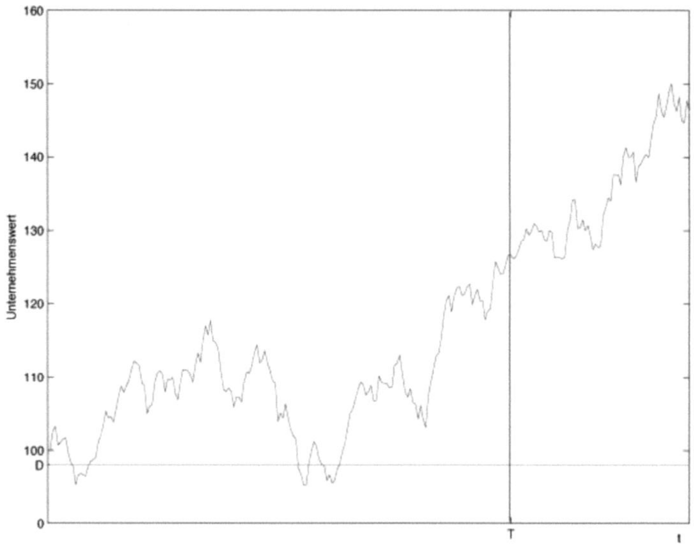

Abbildung 3.2: Black Cox Insolvenzsystematik

Modelltheoretisch ist das Unternehmen zum Zeitpunkt der geplanten Kapitalerhöhung bilanziell überschuldet, tatsächlich bildet die Situation jedoch den Tatbestand der Illiquidität ab, da der notwendige Coupon nicht geleistet werden kann. Die Modellierung der vorzeitigen Insolvenz ermöglicht folglich die Beschreibung einer realwirtschaftlich relevanten Situation. Dadurch, dass die Fremdkapitalgeber nun früher Kontrolle über die Aktiva des Unternehmens erlangen können, sinkt auch ihr Gesamtausfallrisiko, was sich auf die Risikoprämien auswirkt, die, ceteris paribus, sinken. Zusätzlich berücksichtigen Black & Cox (1976) die Existenz nachrangiger Fremdkapitaltitel und Dividendenbeschränkungen für Aktionäre.

Bis zu diesem Zeitpunkt wurden Strukturmodelle auf der Prämisse perfekter Kapitalmärkte ohne Friktionen modelliert, insbesondere mit der Annahme, dass es keinen Steuervorteil für Fremdkapital gibt und auch keine positiven Insolvenzkosten existieren. Die Einführung von Steuern in eine Modellbetrachtung führt automatisch dazu, dass der Unternehmenswert, bzw. die Gesamtkapitalposition der Eigenkapitalgeber, die Ansprüche gegen die Unternehmensaktiva an Fremdkapitalgeber verkaufen, maximal ist, wenn die Verschuldung maximal ist, sofern von Kosten der Verschuldung abstrahiert wird. Bei Einführung von etwaigen Kosten für Verschuldung seien es Transaktionskosten, "agency" Kosten oder Insolvenzkosten, sinkt die Bereitschaft Fremdkapital aufzunehmen. Die Abwägung der Steuervorteile gegen die Kosten der Fremdkapitalaufnahme wurde qualitativ[27] und quantitativ[28] erörtert und landläufig als Trade-Off Theorie beschrieben. Während alle vorangehenden Modelle die Inklusion von Friktionen lediglich als Erweiterungsmöglichkeit nannten, konnte Leland (1994) in seinem Modellrahmen die Trade-Off Theorie umsetzen und geschlossene Lösungen für die Bewertung der Ansprüche gegen das Unternehmensvermögen ableiten, bei gleichzeitiger Ermittlung einer optimalen Kapitalstruktur.

Leland (1994) formuliert somit den Wert eines verschuldeten Unternehmens als den Wert eines unverschuldeten Unternehmens zuzüglich der Steuervorteile der Verschuldung und abzüglich der Insolvenzkosten.

$$V_{verschuldet} = V_{unverschuldet} + Steuervorteil - Insolvenzkosten \tag{3.12}$$

[27]Vgl. dazu u.a. die Arbeiten von Robichek & Myers (1965), Baxter (1967) und Kraus & Litzenberger (1973).

[28]Vgl. hierzu u.a. die Arbeit von Brennan & Schwartz (1978), die numerisch eine optimale Kapitalstruktur herleiten.

Er modelliert hierbei einen Konsolbond als Fremdkapitaltitel, also eine ewige Rente mit dem Coupon als Zahlung. Die Erweiterung mit endlicher Fälligkeit folgte durch Leland & Toft (1996).

Andere Strukturmodelle mit endogener Ausfallschwelle fassen diesen Grundgedanken auf und erweitern die ökonomische Modellwelt, indem sie sich mit Abweichungen von der Rangordnung der Bedienung der Gläubiger durch spieltheoretische Einflüsse zum Zeitpunkt der Insolvenz, wie z.B. bei Anderson & Sundaresan (1996) oder Fan & Sundaresan (2000) befassen. Andere Erweiterungen analysieren strategische Überlegungen der Unternehmensfortführung, bzw. der optimalen Liquidationspolitik, wie z.B. Mella-Barral & Perraudin (1997), bei denen die Entscheidung der Unternehmensfortführung versus der Insolvenz der Ausübung einer Realoption gleicht, wobei sich die Arbeit damit beschäftigt ebendiese Realoption zu bewerten.

Strukturmodelle mit endogener Ausfallschwelle generieren im Gegensatz zu Strukturmodellen mit exogener Ausfallschwelle höhere Risikoprämien. Durch die Einbeziehung von Fremdkapital mit unterschiedlichen Laufzeiten können zwar differenziertere Analysen angegangen werden, jedoch ist die Streuung des Schätzfehlers enorm, wie Eom, Helwege & Huang (2004) für das Modell von Leland & Toft (1996) zeigen können. Sie zeigen auch, dass die Fälligkeit von Fremdkapitaltiteln eine nachrangige Ursache für Fehlschätzungen von Risikoprämien gegenüber anderen Modellparametern darstellt. Da Strukturmodelle mit endogener Ausfallschwelle, sowohl die gängigen Friktionen an Kapitalmärkten, als auch alle Insolvenztatbestände abbilden können, werden sie zur Analyse des Wertschaffungspotenzials von Hedging herangezogen. Jedoch haben die beschriebenen Modelle eine Schwierigkeit, die diese Art der Analyse einschränken - die Wahl der Zustandsvariable.

Der Wert des unverschuldeten Unternehmens als Zustandsvariable birgt eine Problematik, als dass er die Frage aufwirft, ob dieser Wert gehandelt wird oder nicht[29]. Denn falls ja, bestünde die Möglichkeit der Kapitalstrukturarbitrage, da unter dem risikoneutralen Maß beide Unternehmen die risikofreie Rendite verdienen müssen, das verschuldete allerdings Steuervorteile genießt, was deutlich der Prämisse der Arbitragefreiheit widerspricht. Die von Leland umgesetzte Vorgehensweise, besteht darin, den Wert des Eigenkapitals als Differenz der Werte aus Aktiva und dem Fremdkapitaltitel zu betrachten. Die stochastische Dynamik des gehandelten Eigenkapitals setzt er nun mit der Dynamik der unverschuldeten Unternehmensaktiva gleich und umgeht diese Problematik somit teilweise.

Erste Arbeiten, die sich mit einer dynamischen Kapitalstrukturentscheidung befassen, vermochten die Problematik des unverschuldeten Unternehmens als gehandelten Wert zu lösen. Die Dynamisierung der Finanzierungsentscheidung wurde zuerst von Kane, Marcus & McDonald (1985) umgesetzt. Sie umgehen die Schwierigkeit der simultanen Existenz einer unverschuldeten Unternehmung und ihrem verschuldeten Gegenüber, indem sie einen Preisabschlag für nicht optimal verschuldete Unternehmen einführen. Dies umgeht die genannte Problematik und ermöglicht die Analyse optimaler dynamischer Kapitalstrukturentscheidungen, wobei der optimale Verschuldungsgrad jeweils zum Zeitpunkt der Fälligkeit, also bei Refinanzierung des alten Fremdkapitals getroffen wird. Fischer, Heinkel & Zechner (1989) erweitern diese Analyse, indem das Unternehmen in ihrem Modell zu jeder Zeit eine optimale Kapitalstruktur aufrecht erhalten kann. Sie interpretieren den Preisabschlag für nicht optimal verschuldete Unternehmen als Kosten der Fremdfinanzierung. Somit entspricht der Wert des verschuldeten Unternehmens dem eines unverschuldeten Unternehmens zuzüglich der Kosten der Fremdfinanzierung. Durch diese Methodik entfällt die Arbitrageproblematik der zuvor vorgestellten

[29] S. Leland (1994), S. 1217.

Modelle. Ein weiterer Sonderaspekt der dynamischen Kapitalstrukturmodelle stellt ihre Modellarchitektur dar. Dadurch, dass das Unternehmen in der Zukunft mehr Fremdkapital aufnehmen kann, reduziert sich die Initialverschuldung und somit ermitteln dynamische Strukturmodelle eine geringere optimale Verschuldung, sodass auch ohne Annahmen über zu hohe Insolvenzkosten Kapitalstrukturen vorhergesagt werden, die auch am Markt beobachtet werden können.

Doch auch wenn die Problematik der Kapitalstrukturarbitrage gelöst werden kann, besteht für die Analyse von Hedging Aktivitäten das Problem, dass nahezu alle Modelle zur Bewertung der Ansprüche den Wert des unverschuldeten Unternehmens als Zustandsvariable nutzen. Folglich müsste die Modellierung des Hedging die Volatilität des unverschuldeten Unternehmens beeinflussen. Hierbei besteht jedoch die Problematik, dass Derivate Cash Flows erzeugen, die über die Gewinn- und Verlustrechnung in den Einperiodenerfolg eines Unternehmens einfließen und somit nur mittelbar den Unternehmenswertprozess beeinflussen.

Wie an der Arbeit von Ross (1996) gezeigt wird, kann man zwar Hedge Instrumente finden, die mit den Aktiva eines Unternehmens korreliert sind und daraus ein Hedge Portfolio konstruieren, jedoch sind es in seiner Arbeit Instrumente, wie ein Aktien- oder Rentenindex, die mit der Unternehmenswertdynamik zusammenhängen und somit keine klassischen Derivate auf Einzelrisiken. Leland (1998) zeigt die Auswirkungen von Hedging auf die Entwicklung der Positionen der Anspruchshalter über unterschiedliche Volatilitäten des Unternehmenswertprozesses, vermag jedoch nicht, die verwendeten Hedge Instrumente explizit auszuweisen, was ebenfalls an der Wahl des unverschuldeten Unternehmens als Zustandsvariable liegt und die gleiche Ungenauigkeit wie bei Ross (1996) mit sich bringt. Für die Analyse von Hedging und Unternehmenswert erscheint aus diesem Grund ein Strukturmodell hilfreicher, welches das Periodenergebnis eines Unternehmens als Zustandsvariable nutzt.

3.2.3 Goldstein, Ju & Leland (2001)

Goldstein, Ju & Leland (2001) erweitern das Modell von Leland (1994), indem sie die dynamische Anpassung der Kapitalstruktur implementieren. Sie umgehen hierbei das Problem der simultanen Existenz des verschuldeten und unverschuldeten Unternehmens, indem sie die Forderungen der Anspruchshalter gegen die Zahlungsströme, konkret gegen das EBIT eines Unternehmens, modellieren und dieses als Zustandsvariable wählen. Die Betrachtung des EBIT ist insofern hilfreich, als dass das EBIT allein die Auszahlung an die Anspruchshalter generiert und unabhängig von der gewählten Kapitalstruktur ist[30]. Die Arbeit von Goldstein, Ju & Leland (2001), im Folgenden durch GJL abgekürzt, erfüllt somit den Anspruch, dass sie durch die Berücksichtigung des EBIT Hedge-fähige Positionen modelliert und die Schwächen der anderen Modelle umgeht. Sie wird aus diesen Gründen für die Analyse der vorliegenden Dissertation gewählt und im Folgenden detailliert vorgestellt. Hierbei bleibt der Fokus auf der statischen Betrachtung des Modells, da die Frage beantwortet werden soll, wie die Initialparameter des Modells, hierbei insbesondere die Volatilität der EBIT Rendite durch Hedging einperiodig und somit statisch verändert werden kann, sodass die Dynamik des Modells auf Grund der statischen Fragestellung in den Hintergrund rückt.

Die Wahl des EBIT als Zustandsvariable hat neben der gelösten Arbitrageproblematik noch einen Darstellungsvorteil. In Modellen der Trade-Off Theorie wird

[30] Ammann & Genser (2004) erweitern das Modell von Goldstein, Ju & Leland (2001) um die Möglichkeit mehrere Fremdkapitaltitel aufzunehmen und Dangl & Zechner (2004) präsentieren ein Modell auf Free Cash Flow Basis. Beide stellen in ihrer Architektur jedoch keine signifikante Neuerung des Ansatzes von Goldstein, Ju & Leland (2001) dar.

der Einfluss des Staates jeweils als Zahlungszufluss an die Eigenkapitalgeber bei steigender Verschuldung auf Grund der steuerlichen Abzugsfähigkeit des Fremdkapitalzinses modelliert. Dadurch dass der Unternehmenswert nun vom Ergebnis vor Steuern, Zinsen und Dividenden abhängt, wird der Staat bei GJL entsprechend als Gläubiger des Unternehmens dargestellt. Ökonomisch betrachtet ist dies auch intuitiv, verlangt er doch ein Entgelt für die Bereitstellung von Infrastruktur, Bildung und äußerer und innerer Sicherheit, vorausgesetzt das Unternehmen erwirtschaftet einen positiven operativen Ertrag nach Befriedigung der Fremdkapitalgeber. Potenzielle Steuervorteile von Fremdkapital reduzieren entsprechend den Zahlungsabfluss an den Staat. Der kosmetische Nebeneffekt ist, dass der Unternehmenswert immer als Allokation von Wertbeiträgen von Fremdkapitalgebern, Staat und Eigenkapitalgebern dargestellt werden kann, mit unterschiedlichen Anteilen in Abhängigkeit der Kapitalstruktur. Diese Darstellungsweise erinnert entsprechend an das Kuchenmodell von Modigliani & Miller (1958).

3.2.3.1 Modellarchitektur

Die Grundlogik von GJL liegt darin, dass die Dynamik des EBIT einer geometrisch Brownschen Bewegung folgt und das EBIT lognormal verteilt ist. Die Zustandsvariable muss definitionsgemäß unabhängig von der Kapitalstruktur sein, was im Falle des EBIT entsprechend gegeben ist, da die Aktiva ein Ergebnis produzieren, welches vor Befriedigung der Kapitalgeber ausgewiesen wird. Wichtige Bedingung hierbei ist, dass das EBIT jeweils voll ausgezahlt wird, sprich, nach Befriedigung von Fremdkapitalgebern und Staat wird der Residualgewinn in voller Höhe als Dividende an die Eigenkapitalgeber ausbezahlt. Würden Gewinnkomponenten thesauriert und als Rücklage der Kapitalbasis hinzugefügt, würde die Gewinnrücklage die Aktiva verlängern und somit auch auf das EBIT der nächsten Periode wirken. Wachstum in der Dynamik des EBIT resultiert aus Lerneffekten in der Produktion und potenziellen anderen Skaleneffekten. Der zu begebende Fremdkapitaltitel wird durch eine ewige Rente abgebildet (consol bond), die eine unendliche Laufzeit hat und folglich der Coupon den einzigen Zahlungsfluss darstellt. Für die Betrachtung mit endlicher Laufzeit lässt sich diese Rente auch als Nullcouponanleihe für eine Periode interpretieren, die unendlich oft in gleicher Höhe refinanziert wird.

Die Zustandsvariable EBIT ist ein stochastischer Prozess mit der Dynamik:

$$\frac{d\delta}{\delta} = \mu_{\mathcal{P}} dt + \sigma dz^{\mathcal{P}}, \tag{3.13}$$

wobei $\mu_{\mathcal{P}}$ die Rendite unter dem physischen Maß $\mathcal{P}$ darstellt und $\mu_{\mathcal{P}}$ und σ konstant sind. Goldstein & Zapatero (1996) zeigen, dass für einen risikoaversen Investor mit einer globalen konstanten (Markt-)Risikoprämie θ unter dem risikoneutralen Maß Q der Unternehmenswert der Summe der Einzelzahlungen entspricht, bzw. die ewige Rente eines Zahlungsflusses ist[31]:

$$\begin{aligned} V(t) &= E_t^Q \left(\int_t^\infty \delta_s e^{-rs} ds \right), \\ &= \frac{\delta_t}{r - \mu}, \end{aligned} \tag{3.14}$$

wobei $\mu = (\mu_{\mathcal{P}} - \theta\sigma)$ den risikoneutralen Drift des EBIT darstellt:

$$\frac{d\delta}{\delta} = \mu dt + \sigma dz^Q.$$

[31]Zur detaillierten Erläuterung des risikoneutralen Maßes vgl. Björk (1998).

Da, wie eingangs definiert, r und μ konstant sind, folgen sowohl δ, als auch V derselben Dynamik:

$$\frac{dV}{V} = \mu dt + \sigma dz^Q, \tag{3.15}$$

sodass die erwartete Rendite unter dem risikoneutralen Wahrscheinlichkeitsmaß gleich dem risikolosen Zinssatz ist:

$$\frac{dV + \delta dt}{V} = rdt + \sigma dz^Q. \tag{3.16}$$

Laut GJL führt die Interpretation des Steuervorteils von Fremdkapital als Zufluss von Mitteln zur Schwierigkeit, dass der risikoneutrale Drift des Unternehmenswertes $(r - \frac{\delta}{V})$ zu hoch bemessen wird und erst bei sehr hohen Insolvenzkosten realistische Insolvenzszenarien eintreten. Durch die Modellierung des Staates als Gläubiger des Unternehmens fällt der Drift ab, da δ, bzw. das EBIT auch die Zahlungen an den Staat leistet und der risikolose Zinssatz folglich der Nachsteuerzinssatz ist. Dadurch lassen sich Insolvenzszenarien mit realistischen Insolvenzkostenparametern abbilden, die eher im Bereich unter 10% des Unternehmenswertes liegen, wie auch ähnlich von Warner (1977) gezeigt, wohingegen die Insolvenzkosten in klassischen Strukturmodellen von signifikant höheren Werten ausgehen müssen.

Der Argumentation von Merton (1974) folgend, muss jeder Anspruch die partielle Differenzialgleichung

$$\frac{1}{2}\sigma^2 V^2 \frac{\partial^2 F(V,t)}{\partial V^2} + (rV - C)\frac{\partial F(V,t)}{\partial V} - \frac{\partial F(V,t)}{\partial t} - P = rF(V,t) \tag{3.17}$$

erfüllen, wobei $(rV - C)$ den risikolosen Drift der Zustandsvariable und P die Auszahlung des Wertpapiers auf die Zustandsvariable darstellt. Da GJL die Begebung einer ewigen Rente unterstellen, entfällt der zeitabhängige Term in der Differenzialgleichung. Der risikoneutrale Drift μ_r entspricht analog Gleichung (3.16) $(r - \frac{\delta}{V})$. Somit reduziert sich die Differenzialgleichung zur GJL Differenzialgleichung:

$$\frac{1}{2}\sigma^2 V^2 \frac{\partial^2 F(V,t)}{\partial V^2} + \mu_r V \frac{\partial F(V,t)}{\partial V} - rF(V,t) - P = 0. \tag{3.18}$$

Wenn man nun annimmt, dass das Wertpapier F keine intertemporalen Zahlungsflüsse generiert, somit $P = 0$ gilt, so lautet die allgemeine Lösung dieser Differenzialgleichung für eine Bewertung des Anspruchs F_a:

$$F_a = A_1 V^{-y} + A_2 V^{-x}, \tag{3.19}$$

mit

$$x = \frac{1}{\sigma^2}\left[\left(\mu_r - \frac{\sigma^2}{2}\right) + \sqrt{\left(\mu_r - \frac{\sigma^2}{2}\right)^2 + 2r\sigma^2}\right],$$
$$y = \frac{1}{\sigma^2}\left[\left(\mu_r - \frac{\sigma^2}{2}\right) - \sqrt{\left(\mu_r - \frac{\sigma^2}{2}\right)^2 + 2r\sigma^2}\right],$$

wobei A_1 und A_2 Konstanten sind, die über entsprechende Randbedingungen des jeweiligen Anspruchs bestimmt werden müssen. Aus den Gleichungen für x und y entnimmt man, dass $x > 0$ und $y < 0$ sein müssen, sodass der erste Term für größere Werte von V unendlich groß wird und somit A_1 null sein muss für alle Ansprüche. Wollte man intertemporale Zahlungsflüsse zulassen, so lässt sich das nur fallweise für die entsprechenden Ansprüche durchführen. Entspricht die relevante Auszahlung P dem intertemporal ausgezahlten EBIT, so folgt aus Gleichung (3.18)

$$F^{\delta} = V, \tag{3.20}$$

wenn auf der anderen Seite die relevante Auszahlung $P = C$ wäre, so würde die Lösung der Differenzialgleichung

$$F^{C} = \frac{C}{r} \tag{3.21}$$

lauten. Um nun ausfallgefährdete Ansprüche zu bewerten, muss eine Komponente hinzugefügt werden, die das Ausfallrisiko implementiert. Hierbei bedient man sich ähnlich dem Vorgehen bei Leland (1994) eines Zustandspreises $p_B(V)$, der bei Erreichen der Ausfallschwelle V_B den Wert 1 annimmt. Durch die Randbedingungen, die sich aus der Konstruktion des Zustandspreises definieren als:

$$\lim_{V\to\infty} p_B(V) = 0, \qquad \lim_{V\to V_B} p_B(V) = 1,$$

ergibt sich eine geschlossene Lösung für den Wert des Zustandspreises $p_B(V)$ aus der GJL Differenzialgleichung mit $P = 0$ als

$$p_B(V) = \left(\frac{V}{V_B}\right)^{-x}, \tag{3.22}$$

wobei V_B die endogene Ausfallgrenze darstellt. Wie in Kapitel 3.2.2 dargelegt, weigern sich die Eigenkapitalgeber bei ausreichend niedrigem Unternehmenswert den Coupon an die Fremdkapitalgeber über eine Kapitalerhöhung zu leisten, weil der Wert des Eigenkapitals bei dieser Ausfallschwelle nichts wert ist. Diese Logik wird über die so genannte "smooth-pasting" Bedingung abgebildet:

$$\frac{\partial E}{\partial V} = 0 \qquad |_{V=V_B}, \tag{3.23}$$

sodass nach Einsetzen und Umformung die Ausfallschwelle dargestellt werden kann als:

$$V_B = \lambda \frac{C}{r}, \tag{3.24}$$

mit

$$\lambda \equiv \left(\frac{x}{x+1} \right). \tag{3.25}$$

Diese Lösung kann nun für jeden Coupon die endogene Ausfallschwelle bestimmen, bei der die Eigenkapitalgeber das Unternehmen in die Insolvenz schicken würden. Daraus folgt, dass der Unternehmenswert grob gesagt als eine wahrscheinlichkeitsgewichtete Kombination aus Solvenzwert und Liquidationswert im Falle der Insolvenz dargestellt werden kann:

$$\begin{aligned} V &= V_{solv} + V_{def}, \\ V_{def} &= V_B p_B(V), \\ V_{solv} &= V - V_{def}. \end{aligned}$$

Die Betrachtung der Steuern durch die Modellierung des Staates wird über drei Steuerklassen definiert: Der persönliche Steuersatz der Eigenkapitalgeber auf Dividendeneinkünfte τ_d, der Steuersatz für Fremdkapitalgeber für Zinseinkünfte τ_i und der staatliche Steuersatz auf Unternehmensgewinne τ_c. Die Steuerkomponenten von Unternehmen und Eigenkapitalgebern werden über einen effektiven Steuersatz $(1 - \tau_{eff}) = (1 - \tau_c)(1 - \tau_d)$ zusammengefasst. Der Barwert der Zinszahlungen entspricht bei einem Konsolbond dem Preis und wird als $V_{int} = \frac{C}{r} * (1 - p_B(V))$ dargestellt. Die Insolvenzkosten als Anteil der Insolvenzmasse werden durch den Parameter α abgebildet. In der Gesamtbetrachtung ergibt sich für jeden Anspruch folgende Aufstellung:

$$G = \tau_{eff}(V_{solv} - V_{int}) + \tau_i V_{int} + (1 - \alpha)\tau_{eff} V_{def}(V), \tag{3.26}$$

$$D = (1 - \tau_i)V_{int} + (1 - \alpha)(1 - \tau_{eff})V_{def}(V), \tag{3.27}$$

$$E = (1 - \tau_{eff})(V_{solv} - V_{int}), \tag{3.28}$$

$$BC = \alpha V_{def}. \tag{3.29}$$

Aus der Addition der Einzelansprüche ergibt sich wiederum der initiale Gesamtunternehmenswert V. Die Position BC ist die Position der Insolvenzkosten und hat mathematisch den Zweck, dass das Kuchenmodell realisiert werden kann. Aus der ökonomischen Perspektive stellt sie die Position der Anspruchshalter gegen das Unternehmen im Falle einer Insolvenz dar, wie Insolvenzverwalter, Anwälte und andere. Dass dieser Anspruch über den Nachsteuerzins bewertet wird, lässt sich dadurch rechtfertigen, als dass der Staat Steueransprüche gegen diese Personen hat und im Falle einer Übernahme der Insolvenzmasse Ansprüche an zukünftige Zahlungsströme bestehen. Aus dem ermittelten Marktwert des Fremdkapitals lässt sich auch die implizite Kreditrisikoprämie (CS) ermitteln. Hierbei wird der absolute Coupon ins Verhältnis zum Fremdkapitalwert gesetzt. Nach Abzug des risikolosen Zinses vor Steuern ergibt sich die Kreditrisikoprämie:

$$CS = \frac{C}{D} - \frac{r}{1 - \tau_i} \tag{3.30}$$

Die erwähnten Grundparameter des Modells sowie die daraus angeleiteten Parameter sind in Tabelle 3.1 zusammengefasst.

Direkte Inputparameter	
Operativer Ertrag (EBIT)	δ
Unternehmenswert/ EBIT	Multiple
Unternehmenssteuersatz	τ_c
Steuersatz Fremdkapitalgeber	τ_i
Steuersatz Eigenkapitalgeber	τ_d
Risikofreier Zins (nach Steuern)	r
Volatilität der EBIT Rendite	σ
Insolvenzkosten als Anteil am Unternehmenswert	α
Kosten der Fremdkapitalaufnahme	q
Abgeleitete Modellparameter	
Gesamtunternehmenswert	V
Effektiver Steuersatz	τ_{eff}
Risikoloser Drift der EBIT Rendite	μ_r
Bewertungsparameter für Ansprüche	x, λ, A, B

Tabelle 3.1: Modellparameter GJL

3.2.3.2 Optimale Kapitalstruktur

Aus der Analyse der Wertverteilungen der einzelnen Gläubiger lässt sich bei GJL auch eine Analyse der optimalen Kapitalstruktur durchführen. Die Trade-Off Theorie impliziert, dass eine Kapitalstruktur existiert, die bei den gegebenen unternehmensimmanenten Grundparametern die Steuervorteile von Fremdkapitalaufnahme gegen potenzielle Insolvenzkosten optimal abwägt. Diese Kapitalstruktur entspricht der Maximierung der Vermögensposition der Eigenkapitalgeber, da diese Anteile an den Gewinnen der Unternehmung an Fremdkapitalgeber verkaufen und der Fremdkapitalwert entsprechend dem Konto der Eigenkapitalgeber gutgeschrieben wird. Mathematisch formuliert, entspricht die optimale Kapitalstruktur der Maximierung der Eigenkapitalgeberposition, mit dem gewählten Coupon als Variable:

$$\max_{C} \left(D[V, C, V_B(C)] + E[V, C, V_B(C)]\right). \tag{3.31}$$

Diese Darstellung lässt sich auch mit Transaktionskosten q für die Fremdkapitalaufnahme darstellen, als Anteil am Fremdkapitalwert über:

$$\max_{C} \left((1-q)D[V, C, V_B(C)] + E[V, C, V_B(C)]\right). \tag{3.32}$$

Nach dem Coupon abgeleitet und Null gesetzt ergibt sich für den optimalen Coupon C^* zum primären Verkauf an die Fremdkapitalgeber des Gesamtunternehmenswertes V der Ausdruck:

$$C^* = V\left(\frac{r}{\lambda}\right)\left[\left(\frac{1}{1+x}\right)\left(\frac{A}{A+B}\right)\right]^{\frac{1}{x}}, \tag{3.33}$$

mit

$$A = (1-q)(1-\tau_i) - (1-\tau_{eff}),$$
$$B = \lambda(1-\tau_{eff})[1-(1-q)(1-\alpha)].$$

Ausgehend vom optimalen Coupon ergibt sich für die optimale Ausfallschwelle

$$V_B^* = \lambda \frac{C^*}{r}. \tag{3.34}$$

Graphisch dargestellt lässt sich die optimale Kapitalstruktur, die die Eigenkapitalgeberposition und entsprechend auch den Unternehmenswert maximiert exemplarisch durch Abbildung 3.3 darstellen:

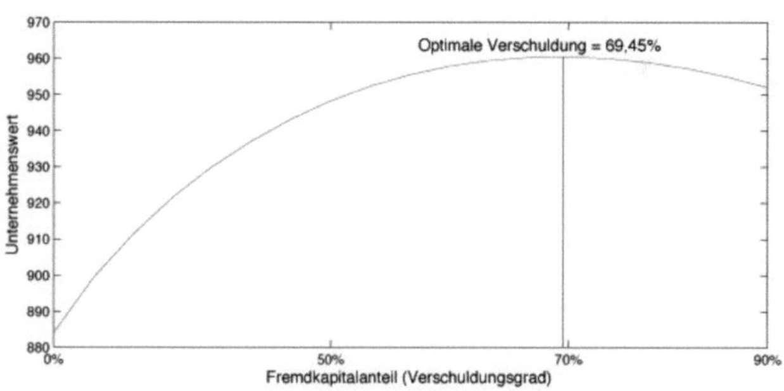

Abbildung 3.3: Optimale Kapitalstruktur basierend auf Goldstein, Ju, Leland (2001)

Beispielhafte Anwendung der GJL Bewertungssystematik für $EBIT = 100$, $EBITMultiple = 17$, *Volatilität der EBIT Rendite* $\sigma = 25\%$, *risikoloser Zins nach Steuern 3%, Insolvenzkosten als Anteil der Insolvenzmasse* $\alpha = 5\%$.

3.2.3.3 Komparative Statik

Das Modell benötigt 8 Parameter, um die Positionen der Einzelgläubiger analysieren zu können. Für die spätere Kalibrierung der Parameter soll jedoch vorab die Modellsensitivität den wichtigsten Parametern gegenüber analysiert werden. Diese sind in diesem Fall der risikolose Nachsteuerzins, die Steuerlast für das Unternehmen, die Volatilität der EBIT Rendite und die Insolvenzkosten. Der Basisfall wird mit folgenden Parameterwerten abgebildet:

Inputparameter Basisszenario

Operativer Ertrag	EBIT	100
Unternehmenswert/ EBIT	Multiple	17
Unternehmenssteuersatz	τ_c	30%
Risikofreier Zins (nach Steuern)	r	5%
Volatilität der EBIT Rendite	σ	25%
Insolvenzkosten als Anteil am Unternehmenswert	α	5%

Die erste Frage stellt sich bei der Wahl des Multiples. Theoretisch müsste das Multiple aus Gleichung 3.14 geschätzt werden. Hierzu bräuchte man allerdings sowohl den empirischen Drift der EBIT Rendite μ_p, als auch die gesamtgesellschaftliche (Markt-)Risikoprämie θ. Den risikoneutralen Drift $\mu = r - \frac{\delta}{V}$ als wachsende ewige Rente aus dem Modell kann man nicht verwenden, da er bereits vom Gesamtunternehmenswert abhängt und die Gleichung somit unterbestimmt wäre. Ebenfalls läuft eine Auszahlungsquote $\frac{\delta}{V}$ in der Nähe des risikoneutralen Nachsteuerzinses gegen die Unendlichkeit und sehr hohe Multiples führen, ceteris paribus, zu Extremsituationen, da der optimale Coupon oftmals den Wert des EBIT übersteigt. GJL wählen ohne weitere Begründung einen Wert von 17. Eine mögliche Begründung für diese Wahl könnte darin liegen, dass man am Kapitalmarkt übliche EBIT-Multiples zwischen 10 und 12 um die Komponente der kombinierten

Steuerschuld von Unternehmen, Eigen- und Fremdkapitalgebern als ewige Rente ergänzt und somit 17 eine gerechtfertigte Annäherung wäre.

Der gewählte Unternehmenssteuersatz von 30% ist auf der einen Seite am Kapitalmarkt durchaus beobachtbar und auf der anderen Seite für Deutschland typisch nach der Unternehmenssteuerreform von 2008, nach der die Kombination aus Körperschaftssteuer und einem durchschnittlichen Gemeindehebesatz rund 30% beträgt. Der Nachsteuerzinssatz, die Volatilität der EBIT Rendite, die Insolvenzkosten und die Transaktionskosten für Fremdkapitalaufnahme entspringen ebenfalls der Arbeit von GJL, bewegen sich jedoch durchaus im realistischen Rahmen.

Tabelle 3.2 zeigt die komparative Statik für unterschiedliche Parameterwerte des Modells. Analysiert werden insbesondere die Effekte auf den optimalen Coupon, die optimale endogene Ausfallschwelle, die optimale Verschuldung und den Risikoaufschlag für das Fremdkapital in Basispunkten.

Die folgende Tabelle zeigt die ermittelten Werte zwecks komparativer Analyse anhand des Modells von Goldstein, Ju & Leland (2001) für den optimalen Coupon (C^*), die optimale Ausfallschwelle (V_B^*), den optimalen Verschuldungsgrad ($D/(D+E)$) sowie die Risikoprämie (credit spread) in Basispunkten.

	C^*	V_B^*	D/(D+E)	CS (bp)
Basisfall	67,05	651,38	72,48%	495
$r_L = 2\%$	59,64	608,10	71,74%	550
$r_H = 8\%$	115,72	855,32	76,43%	315
$\tau_L = 20\%$	59,84	581,41	66,09%	416
$\tau_H = 50\%$	72,19	701,32	79,48%	625
$\sigma_L = 15\%$	54,54	706,31	73,46%	305
$\sigma_H = 35\%$	84,39	615,01	71,86%	751
$\alpha_L = 1\%$	72,65	705,85	75,76%	519
$\alpha_H = 10\%$	60,86	591,29	68,52%	468
Multiple=30	100,63	1220,39	73,19%	344
Multiple=50	154,69	2118,06	73,72%	275

Tabelle 3.2: Komparative Statik GJL (I/II)

Hierbei zeigt sich sofort die Multiple Problematik, da der optimale Coupon ab einem Multiple von 30 höher ist, als das durch das Unternehmen generierte EBIT. Die ökonomische Erklärung würde darin bestehen, dass die Eigenkapitalgeber selbst bei einem eigentlichen Tatbestand der Illiquidität eine Kapitalerhöhung durchführen würden, da ihr Optionswert immer noch positiv ist. Die Nutzung von marktüblichen Schätzern wird trotz allem angeraten. Die Verteilungen der Ansprüche an die Gläubiger des Unternehmens lassen sich Tabelle 3.3 entnehmen.

Die folgende Tabelle zeigt die ermittelten Werte zwecks komparativer Analyse anhand des Modells von Goldstein, Ju & Leland (2001) für den Fremdkaptalwert (D), den Eigenkapitalwert (E), den Anspruchswert des Staates gegen das Unternehmen (G) sowie den Wert der Insolvenzkosten (BC).

	D	E	G	BC
Basisfall	726,12	275,74	676,20	21,95
$r_L = 2\%$	713,24	280,91	682,49	23,37
$r_H = 8\%$	793,54	244,67	645,95	15,83
$\tau_L = 20\%$	708,58	363,63	609,10	18,70
$\tau_H = 50\%$	685,43	176,95	813,26	24,36
$\sigma_L = 15\%$	743,18	268,45	668,15	20,21
$\sigma_H = 35\%$	715,27	280,11	681,48	23,14
$\alpha_L = 1\%$	766,51	245,28	683,29	4,92
$\alpha_H = 10\%$	678,91	311,95	670,84	38,29
Multiple=30	1303,27	477,33	1182,92	36,48
Multiple=50	2198,85	783,80	1959,16	58,19

Tabelle 3.3: Komparative Statik GJL (II/II)

Man erkennt, dass Eigen- und Fremdkapitalposition dem vorherrschenden Steuerniveau stark sensitiv gegenüber sind. Wie man ebenfalls erkennt, steigt bei sinkender Volatilität der Wert des Fremdkapitals, während der Wert des Eigenkapitals sinkt, was aus ihrer Optionscharakteristik hervorgeht. Entsprechend steigen mit mehr Risiko auch die Insolvenzkosten.

Aus Sicht eines Kuchenmodells stellt sich die Verteilung der Ansprüche wie in Abbildung 3.4 dar. Mit unterschiedlichen Parametern ändert sich entsprechend die Gewichtung der Einzelansprüche, nicht aber die Größe des Kuchens.

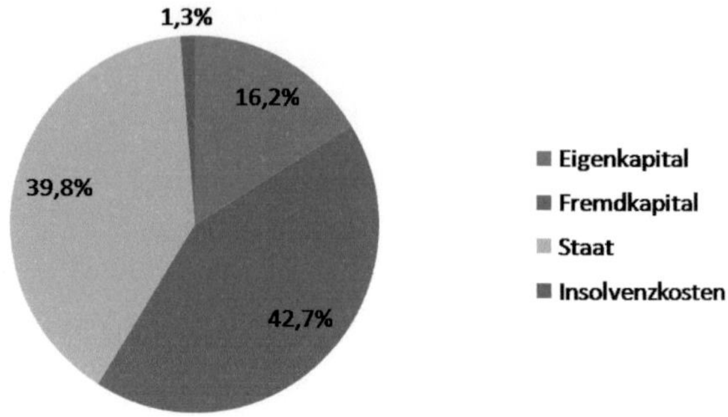

Abbildung 3.4: Verteilung der Einzelansprüche

3.3 Zusammenfassung und Bewertung

In diesem Kapitel wurde die Klasse der Strukturmodelle als Bewertungsrahmen für Anspruchshalter gegen das Unternehmensvermögen vorgestellt. Strukturmodelle haben allgemein den Vorteil, dass sie die Bewertungssystematik für die Einzelansprüche basierend auf ökonomischen Kausalzusammenhängen abbilden. Hierbei inkorporieren insbesondere Modelle mit endogener Ausfallschwelle die meisten ökonomischen Zusammenhänge und Parameter, die die Kapitalstrukturentscheidung und Insolvenzentstehung beeinflussen, wie u.a. Risiko, Zinsniveau, Steuern und Insolvenzkosten.

Das hier vorgestellte Strukturmodell von Goldstein, Ju & Leland (2001) vermag durch die Wahl des EBIT als Zustandsvariable die Gewinn- und Verlustrechnung eines Unternehmens in die Bewertung zu inkorporieren, sodass die Analyse der Wertverteilungen ausgehend davon durchgeführt werden kann. Da das Ziel der vorliegenden Arbeit darin besteht, Hedging in Zusammenhang mit Unternehmenswert und Kreditqualität zu bringen, soll das Modell von Goldstein, Ju & Leland (2001) als Grundlage für diese Analyse dienen.

Kapitel 4

Simulation

In diesem Kapitel wird im ersten Schritt geprüft, wie die Analyse von Hedging mit dem Strukturmodell von Goldstein, Ju & Leland (2001) umgesetzt werden kann, um im zweiten Schritt die Methode der Simulation in der Luftfahrtindustrie am Beispiel der Deutschen Lufthansa AG zu motivieren. In einem dritten Schritt werden die Risiken des Unternehmens isoliert und simuliert. Im vierten Schritt werden die Simulationsergebnisse vorgestellt und die Übertragbarkeit auf andere Unternehmen beziehungsweise eine grundsätzliche Generalisierung eines solchen Vorgehens erläutert.

4.1 Identifikation des Zielunternehmens und Wahl der Methodik

In Kapitel 2 wurde die Betrachtung von Hedging in Zusammenhang mit der Marktwertveränderung von Eigen- und Fremdkapital als Forschungslücke motiviert. Kapitel 3 präsentierte die Klasse der Strukturmodelle, um basierend auf Unternehmenscharakteristiken Marktbewertungen für die Passivseite der Bilanz abzuleiten.

Da Hedging qua Definition die Volatilität eines Unternehmens beeinträchtigt und der Volatilitätsparameter für Strukturmodelle einen zentrale Inputgröße darstellt, lassen sich Hedging und Bewertung verknüpfen. Die Implementierung von Hedging in diese Modellklasse erscheint über die Wahl eines EBIT Modells, wie dem von Goldstein, Ju & Leland (2001) am Geeignetsten, da Hedging unmittelbar auf das operative Ergebnis eines Unternehmens wirkt und somit ein entsprechender Zusammenhang zwischen Hedging und Strukturmodellrahmen besteht.

Um die Komponenten Unternehmensbewertung und Hedging zu verknüpfen, stellt sich primär die Frage nach der Methodik dieses Vorgehens. Industrieübergreifende Analysen liefern nur sehr ungenaue Ergebnisse, auf Grund der hohen Aggregation industriespezifischer Charakteristika[32]. Gleiches gilt für Konglomerate, die einen Mix unterschiedlicher Unternehmen aus mehreren Industrien darstellen und die Risikodekomposition entsprechend nahezu unmöglich machen. Aus diesem Grund soll ein idealtypisches Unternehmen einer einzelnen Industrie in der Tiefe analysiert werden. Prominente empirische Arbeiten, die sich auf eine Industrie beziehen, betrachten in der Regel Rohstoffindustrien[33], da diese hauptsächlich einem Risikofaktor ausgesetzt sind und somit aus empirischer Sicht weniger Störgrößen enthalten sind. Die Betrachtung mehrerer Risikofaktoren kann jedoch ein besseres Licht auf die Entstehung von Volatilitätsreduktionen werfen. Die in Kapitel 2.1.5 angesprochenen $F\&E$ lastigen Unternehmen sind ebenfalls nicht eindeutig vergleichbar, da auf Grund von Wahlrechten in der Rechnungslegung die Aktivierung von Entwicklungskosten länder- und unternehmensspezifisch individuell unterschiedlich sind und allein aus diesem Grund Bilanzwerte bei zwei ansonsten gleichen Unternehmen stark abweichen können.

Die Luftfahrtindustrie eignet sich insofern für die vorgesehene Analyse, als dass

[32] Vgl. Jin & Jorion (2006), S. 896f.

[33] Vgl. u.a. Tufano (1996) für die Goldindustrie sowie Jin & Jorion (2006) für Öl- und Gasproduzenten.

über den Hauptinputfaktor Treibstoff ein Rohstoffpreisrisiko besteht und durch internationale Ticketverkäufe Fremdwährungsexpositionen bestehen, die allerdings über die Umsatzverteilung der Airlines einfach isoliert werden können und somit für zwei klar identifizierbare Risikofaktoren untersucht werden kann[34], ob und wie Hedging die Bewertung und Kreditqualität beeinflusst.

Für die Analyse von Hedging im Modellrahmen von Goldstein, Ju & Leland (2001) muss der Volatilitätsparameter der EBIT Rendite geschätzt werden. Hierfür gibt es zwei grundsätzliche Möglichkeiten. Entweder man schätzt die Rendite aus einer Zeitreihe oder man simuliert die Gewinn- und Verlustrechnung einer idealtypischen Luftfahrtgesellschaft und schätzt daraus die Volatilität der EBIT Rendite unter Berücksichtigung unterschiedlicher Hedge Ratios.

Für den Fall der Zeitreihenanalyse erscheint es sinnvoll, publizierte EBIT Werte von Luftfahrtgesellschaften zu sammeln und daraus die EBIT Rendite sowie deren Volatilität zu schätzen. Tabelle 4.1 zeigt die Ergebnisse einer solchen Schätzung für 5 europäische Airlines[35]. Auffällig ist, dass bei allen Airlines enorme Volatilitäten der EBIT Renditen geschätzt werden. Goldstein, Ju & Leland (2001) argumentieren, dass die Volatilität der EBIT Renditen eine exakte Annäherung an die Volatilität der Aktiva eines Unternehmens ist, da die Aktiva eines Unternehmens das operative Ergebnis produzieren. Klassische Strukturmodelle nähern sich der Volatilität der Aktiva über die Volatilität der Eigenkapitalposition, die nach Korrektur für die Kapitalstruktur der Volatilität der Aktiva entspricht[36]. Die korrespondierenden Volatilitäten der Eigenkapitalrenditen in Tabelle 4.1 weichen jedoch deutlich von den Volatilitäten der EBIT Renditen ab, selbst ohne Korrek-

[34]Vgl. hierzu die Arbeit von Carter, Rogers & Simkins (2006) für Eigenkapitalprämien.

[35]Eine Übersicht aller europäischer Airlines und der verbundenen Datenverfügbarkeit bietet Anhang A.2.

[36]Vgl. Leland (1994), S.1217.

Die folgende Tabelle präsentiert die ermittelte EBIT Rendite ($\mu_{EBIT Rendite}$) pro Jahr und Luftfahrtgesellschaft sowie deren Volatilität ($\sigma_{EBIT Rendite}$) und die korrespondierende annualisierte tägliche Volatilität der Aktienkursrenditen ($\sigma_{Aktienrendite}$) im selben Zeitraum als Vergleichsmaßstab.
Quelle: Thomson Reuters Datastream.

Airline	Zeitraum	N	$\mu_{EBIT Rendite}$	$\sigma_{EBIT Rendite}$	$\sigma_{Aktienrendite}$
Lufthansa	1981-2009	28	255%	1268%	34,1%
Air France	1981-2009	28	36%	169%	82,0%
British Airways	1981-2009	28	-277%	1485%	40,3%
Iberia	1981-2009	28	-40%	192%	40,4%
Austrian Airlines	1984-2009	25	-46%	214%	54,5%

Tabelle 4.1: Übersicht Zeitreihenergebnisse Airlines

tur für den Verschuldungsgrad des jeweiligen Luftfahrtunternehmens. Gründe für die starke Abweichung liegen darin, dass selbst innerhalb einer Industrie unterschiedliche Kostenstrukturen bestehen, die Finanzierung der Flugzeuge entweder über Kauf oder Leasing unterschiedlich auf die Gewinn- und Verlustrechnung wirkt und Sondereffekte sowie M&A Transaktionen die jährlichen EBIT Größen beeinflussen, sodass die Isolation dieser Einflussgrößen nahezu unmöglich ist. Darüber hinaus neigt das Management dazu, durch bilanzpolitische Maßnahmen die tatsächlichen ökonomischen Ergebnisse zu verfälschen, wie Bhattacharya & Welker (2003) in einer Studie über 34 Länder gezeigt haben, sodass Datenpunkte, die aus Rechnungslegungsinformationen stammen keine ausreichende Qualität besitzen, um die Parameter für den EBIT Prozess zu schätzen. Zusätzlich besteht bei der Analyse des EBIT Prozesses bei unterschiedlichen Hedge Ratios ein Problem auf Grund der Endogenität der Hedging Entscheidung durch das untersuchte Unternehmen. Das heißt, dass zwar Hedge Einflüsse auf die Volatilität der EBIT Rendite beobachtbar, das Potenzial der Volatilitätsreduktion durch Hedging jedoch nicht greifbar ist, da eine bestimmte Hedge Ratio bereits durch das jeweilige Unternehmen definiert und umgesetzt ist. Ebenfalls besteht das potenzielle Problem, dass nicht jedes Unternehmen konstante Hedge Ratios aufweist, was zusätzlich Spekulation beinhalten könnte und somit nicht einwandfrei Risiko minimierendem Hedging zuzuordnen wäre. Ebenfalls besteht, wie bereits erläutert das Problem, dass jeweilige operative Charakteristika einen Störeinfluss auf die Güte der Analyse hätten. Aus diesen Gründen kann eine empirische Analyse der Volatilität der EBIT Renditen nicht erschöpfend in den Modellrahmen von Goldstein, Ju & Leland (2001) implementiert werden, um den Zusammenhang zwischen Hedging und Unternehmenswert sowie Kreditrisiko zu beleuchten.

Im Falle der Simulation besteht die Möglichkeit, ebenfalls vorbehaltlich ausreichender Offenlegung der Exposures und Hedges, die EBIT Rendite einer Luftfahrtgesellschaft im Einperiodenkontext zu simulieren. Hierbei eröffnet sich die einzigartige Möglichkeit das entsprechende Unternehmen als ein Portfolio aus Risiken abzubilden, diese Risiken unter Verwendung unterschiedlicher Hedge Ratios einzudämmen und daraus resultierend die Auswirkungen von Corporate Hedging auf die Verteilungsfunktion des EBIT zu untersuchen. In diesem Falle liegt für jede Hedging Entscheidung ein und dasselbe Unternehmen zu Grunde. Ein ähnliches Vorgehen wurde auch von Muck & Rudolf (2003) sowie Muck & Rudolf (2004) gewählt, um die Effekte von Risikomanagement in der Luftfahrtindustrie zu untersuchen. Die vorliegende Arbeit greift die Gedanken dieser Arbeiten auf und erweitert den gewählten Simulationsansatz. Aus den simulierten Verteilungen der EBIT Rendite und den daraus geschätzten Volatilitätsparametern kann somit die Wirkung des Hedgings auf den Unternehmenswert und die Kreditqualität des Unternehmens durch Umsetzung ins Strukturmodell von Goldstein, Ju & Leland (2001) ganzheitlich analysiert werden.

Die Deutsche Lufthansa AG, im Folgenden Lufthansa genannt, gehört zu den größten Airlines der Welt[37] und ist auf Grund ihrer Börsennotierung zu umfangreicher Offenlegung verpflichtet. Über die regulatorischen Offenlegungspflichten hinaus publiziert die Lufthansa Informationen über den Treibstoffbedarf, dessen Kosten und über die Exposures gegenüber Wechselkursen sowie sämtliche Hedges gegenüber den genannten Risiken. Die Informationspolitik ist der Hauptgrund für die Wahl der Lufthansa als Grundlage dieser Untersuchung. Mit Passagier- und Luftfrachtverkehr, Technikdienstleistungen, Catering und IT-Dienstleistungen im Luftfahrtbereich operiert die Lufthansa in insgesamt fünf Geschäftsbereichen, wobei rund 80% des Umsatzes durch Passagier- und Luftfrachtverkehr erwirtschaftet werden[38], sodass die Einkünfte der anderen drei Geschäftsbereiche den Hauptunternehmenszweck einer Airline nicht beeinträchtigen und die Lufthansa demzufolge auch nicht als breit diversifizierter Konzern betrachtet werden kann. Durch die eindeutige Zugehörigkeit zur Luftfahrtindustrie und die extensive Offenlegung der Risikostruktur des Lufthansa Konzerns eignet sich das Unternehmen besonders zur angestrebten Analyse.

Tabelle 4.2 zeigt die Gewinn- und Verlustrechnung der Lufthansa jeweils zum Jahresende 2007 und 2008. Ziel der Simulation ist, ausgehend vom Jahresbeginn 2008, die Risikofaktoren Wechselkurs und Rohstoffpreis zum Jahresende 2008 zu simulieren, um bei unterschiedlichen Hedge Ratios die EBIT Verteilungen analysieren zu können. Im Verhältnis zum EBIT des Jahres 2007 lässt sich somit die EBIT Rendite und ihre Volatilität schätzen, um als Parameter in das Modell von Goldstein, Ju & Leland (2001) implementiert zu werden. Allgemein betrachtet stellt die Simulation eine Entscheidungssituation des Managements zu Jahresbeginn 2008 dar,

[37] Vgl. IATA (2008).
[38] Vgl. Lufthansa (2008).

in der das Management entscheiden muss, ob, und wenn ja, wieviele Sicherungsaktivitäten von Treibstoff- und Wechselkursrisiken umgesetzt werden sollen.

	2007		2008	
	Mio. EUR	in %	Mio. EUR	in %
Umsatzerlöse	22.420		24.870	
Sonstige operative Erträge	1.373		1.930	
Operative Gesamterlöse	23.793		26.800	
Operative betr. Aufwendungen	22.415	100%	25.446	100%
Materialaufwand	11.553	52%	13.707	54%
davon Treibstoff	3.851	17%	5.379	21%
Personalaufwand	5.498	25%	5.702	22%
Abschreibungen	1.160	5%	1.275	5%
sonstiger operativer Aufwand	4.204	19%	4.762	19%
Operatives Ergebnis	1.378		1.354	

Tabelle 4.2: Gewinn- und Verlustrechnung Deutsche Lufthansa AG (2007, 2008)

Aus den Geschäftsberichten der Geschäftsjahre 2007 und 2008 lässt sich durch die Analyse der Exposures gegenüber Fremdwährungen und Planungen für Treibstoffmengen eine Überführung der Gewinn- und Verlustrechnung in eine Exposure basierte Darstellung der Umsätze und Kosten abbilden. Die Exposures gegenüber Treibstoffkosten und Wechselkursen sowie die von der Lufthansa gewählten Hedge Ratios zeigt Tabelle 4.3[39]. Die negative Nettoexposition gegenüber dem US-Dollar resultiert aus der Tatsache, dass die Lufthansa ihre Kerosinkäufe in US-Dollar abrechnet.

Da die Lufthansa bereits Hedging betreibt, muss zuallererst das Ergebnis 2008 um Hedge Effekte bereinigt werden, um die Hedgingentscheidung endogen simulieren zu können. Hierzu ist es notwendig die mengenmäßige Exposition gegenüber Wechselkurs- und Rohstoffpreisrisiken zu bestimmen.

Im ersten Schritt wird die ausgewiesene Dollarexposure in Höhe von -3.072 Mio. US-Dollar von der Treibstoffkomponente getrennt. Hierzu müssen die geplanten

[39]Vgl. Lufthansa (2007), S. 166f. Wechselkursexposures werden von der Lufthansa für 24 Monate angegeben und für die zu Grunde liegende Analyse halbiert.

	USD	JPY	GBP
Exposure (Mio. Einheiten)	-3.072	60.563	295
Exposure (Mio. EUR[a])	-2.068	391	374
Hedge Ratio Lufthansa	26%	45%	50%
Treibstoffbedarf[b]			
Kerosin (Tsd. Tonnen)	8.258		
Sicherungen (Tsd. Tonnen)	6.699		
Hedge Ratio Lufthansa	81%		

[a]Zum Jahresdurchschnittskurs 2008, Quelle: Lufthansa (2007).
[b]Quelle: Lufthansa (2007).

Tabelle 4.3: Planexposures der LHAG gegenüber Währungen und Treibstoff 2008

Kerosinkosten für 2008 aus der Exposure herausgerechnet werden. Dafür nimmt man die Kerosindurchschnittskosten aus 2007 in Höhe von 707 USD/t[40] multipliziert mit der geplanten Treibstoffmenge in Höhe von 8.258 Mio. Tonnen, was geplante Kosten von 5.838 Mio. USD bedeutet und entfernt diese aus der Dollarexposure. Im Ergebnis erhält man eine Nettodollarposition aus Umsätzen und Kosten im Dollarraum ohne Treibstoffkosten als Plangröße für 2008. Die Positionen in Yen und Britischem Pfund sind bereits Nettopositionen aus Umsätzen und Kosten in den jeweiligen Währungsgebieten. Die mengenbasierten Expositionen sind eine gute Approximation für die tatsächlich entstehenden Umsätze und Kosten, da Luftfahrtgesellschaften über eine so genannte Anbuchungskurve vorab abschätzen können, wie hoch die tatsächliche Nachfrage sein wird. Die Kosten in den Fremdwährungsräumen sind normale operative Vertriebs- und Wartungskosten, die mit der Gesamtnachfrage nach Tickets korreliert sind.

Über die Risiken aus Wechselkurs- und Rohstoffpreisschwankungen hinaus, hat jedes Unternehmen auch Expositionen gegenüber operativen und operationellen Risiken. Operative Risiken, wie Preis- und Mengenrisiken sind idiosynkratische

[40]Vgl. Lufthansa (2007), S. 42.

Risikokomponenten eines Unternehmens und werden durch das Betreiben des Geschäftsmodells in Kauf genommen. Sie sind im Gegensatz zu Markt-, Kredit- und operationellen Risiken nicht handelbar und werden für die Simulation ignoriert. Operationelle Risiken werden meistens im Bankenkontext verwendet, sind jedoch in Bezug auf Eintrittswahrscheinlichkeit und Schadenshöhe im Nichtfinanzsektor ebenfalls präsent. Sie stellen gemäß der Definition des Basler Ausschusses für Bankenaufsicht "die Gefahr von Verlusten, die in Folge der Unangemessenheit oder des Versagens von internen Verfahren, Menschen und Systemen oder in Folge von externen Ereignissen eintreten [dar]. Diese Definition schließt Rechtsrisiken ein, beinhaltet aber nicht strategische Risiken oder Reputationsrisiken."[41]

Da operative Risiken nicht Gegenstand der Untersuchung sind, wird für die Analyse eine von der Lufthansa realisierte operative Fixkomponente gebraucht, die deterministisch ist. Hierzu wird vom EBIT 2008 das Euro Äquivalent der Wechselkurspositionen in US-Dollar, Yen und Britischem Pfund sowie die tatsächlich realisierten Treibstoffkosten abgezogen. Für den Bereich der operationellen Risiken wird angenommen, dass diese durch Versicherungen, wie Brandschutz-, Haftpflicht- und andere operationelle Versicherungen abgedeckt sind. Sie werden somit durch die Fixkomponente abgebildet. Im Resultat lässt sich nun aus den Daten in Tabelle 4.3 in Verbindung mit Tabelle 4.2, die Gewinn- und Verlustrechnung der Lufthansa in eine exposurebasierte Darstellung umwandeln, wie Abbildung 4.1 zeigt.

Da die Nettopositionen gegenüber Yen und Britischem Pfund nur jeweils rund 1,5% des Umsatzes der Lufthansa ausmachen, wird für sie eine 100 prozentige Fixierung über den Terminmarkt angenommen, da der wertmäßige Einfluss dieser Währungen auf der einen Seite insignifikant auf das EBIT der Lufthansa wirkt und auf der anderen Seite die Fokussierung auf US Dollar und Treibstoff eine bessere Übersichtlichkeit im Rahmen der zur Verfügung stehenden 3 Dimensionen

[41]Vgl. BIS (2003), S. 2.

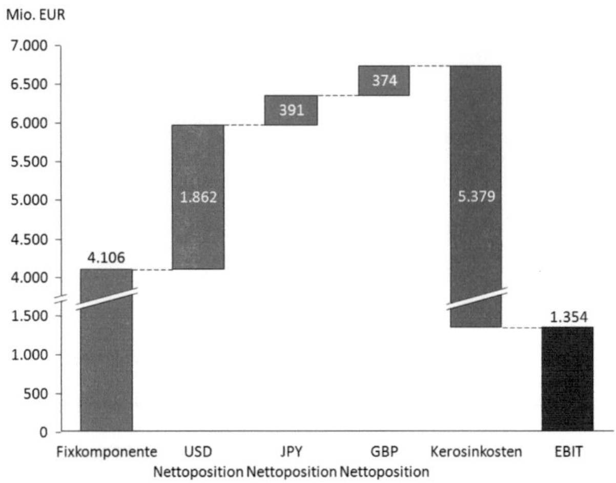

Abbildung 4.1: EBIT Überleitungsrechnung 2008

bietet. Die abgesicherten Positionen werden für die Simulation der Fixkomponente hinzugefügt. Insgesamt ist es nun möglich, basierend auf den Planmengen für US-Dollar und Treibstoff durch die Simulation unterschiedlicher Entwicklungspfade für Dollar und Kerosin im Verlauf des Jahres 2008 ein stochastisches EBIT zu generieren und unterschiedliche Hedging Regimes anzuwenden.

4.2 Simulation

Nach Identifikation und Isolierung der wichtigsten Risikofaktoren der Lufthansa soll nun rationalisiert werden, wie die Risikofaktoren US-Dollar und Treibstoff zu simulieren und abzusichern sind.

4.2.1 Euro/ US-Dollar Wechselkurs

Wechselkurse werden unter anderem von Geldpolitik, dem Zinsniveau, den Handelsaktivitäten und den Erwartungen der Marktteilnehmer bestimmt. Modelle, die sämtliche ökonomischen Variablen mit einbeziehen scheitern oftmals daran die Realität genau nachzubilden. Evans & Lyons (2005) haben für kurzfristige Perioden zwischen einem Tag und einem Monat signifikante Erklärungen der Spotpreisänderungen über ein mikroökonomisches Modell erzielen können. Für das Gros der Untersuchungen, insbesondere für längere Perioden, zeigt sich jedoch, dass ein Random Walk das überlegene Modell ist, wie Meese & Rogoff (1983) aufzeigen, und Engel & West (2005) in einer aktuelleren Studie bestätigen.

Das Spotpreismodell für den Wechselkurs Euro zu US Dollar soll dementsprechend durch folgenden Wiener Prozess dargestellt werden:

$$dFX = \sigma FX dW_1. \tag{4.1}$$

Die benötigte historische Standardabweichung der Renditen beträgt 9,22% für den Zeitraum Januar 1999 bis Dezember 2007[42]. Simuliert werden 20.000 Kursverläufe, ausgehend vom Spotpreis am 01.01.2008 in Höhe von 0,68397 EUR/USD, für jeweils 252 Handelstage. Die resultierende Verteilung des Wechselkurses findet sich in Abbildung 4.2.

Wie aus der Prozesswahl erwartet, ist der Wechselkurs am Jahresende lognormalverteilt auf 99% Signifikanzniveau[43].

[42]Quelle: Thomson Reuters Datastream.
[43]$\chi^2_{USD} = 93,9788 < \chi^2_{krit.bei \quad \alpha=1\%} = 132,3089$.

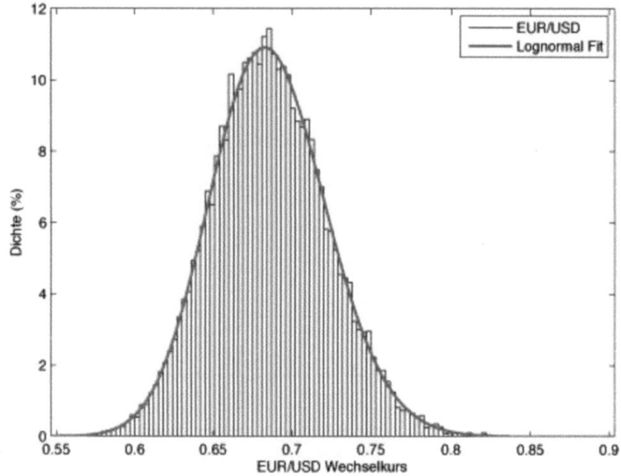

Abbildung 4.2: Simulierter USD/EUR Wechselkurs und Lognomal-Fit

4.2.2 Treibstoff

Flugzeugkerosin ist ein veredeltes Rohölprodukt und wird weltweit gehandelt. Der Preis für Kerosin wird entsprechend primär vom Rohölpreis bestimmt. Die Spotpreise für Western Texas Intermediate (WTI) Rohöl und New York Harbour Jet Fuel weisen eine Korrelation von 0,9895 auf[44]. Da die Herstellung des Kerosins eine Veredelungsleistung durch die Raffinerien darstellt, ist der Preisunterschied zwischen Rohöl und Kerosin eine Funktion von Angebot und Nachfrage auf den Weltmärkten. Wenn zum Beispiel ein Angebotsüberhang für Kerosin besteht, sinkt der Preis und entsprechend die Marge für die Raffinerien, welche als Reaktion die Produktion verlangsamen und somit eine Verknappung herbeiführen, welche wiederum den Preis nach oben treibt und die Marge verbessert. Diese kurzfristi-

[44]Quelle: U.S. Energy Information Administration, Tagesnotierungen 1999-2007, N=2.199.

gen Schwankungen erklären die nicht perfekte Korrelation des Kerosinpreises zum Rohölpreis, jedoch finden Angebot und Nachfrage in der mittleren und langen Frist ein Gleichgewicht, wovon in der hier zu Grunde liegenden Simulation ausgegangen wird. In anderen Worten wird diese Preisdifferenz, auch "crack spread" genannt, als Konstante betrachtet, insbesondere vor dem Hintergrund der nahezu perfekten Korrelation innerhalb der betrachteten Zeitreihe.

Da nun die Hauptdynamik des Kerosinpreises durch den Rohölpreis getrieben ist, stellt sich die Frage nach der passenden Modellwahl für den Ölpreis. Im Gegensatz zu Währungen oder Zinsen handelt es sich bei Rohstoffen um physische Waren, deren Preisentwicklung und -struktur neben dem Zinsniveau auch von Lagerhaltungskosten und Lagerbeständen abhängt. Genauer gesagt gibt es im Rohstoffmarkt eine positive Verfügbarkeitsprämie, die so genannte "convenience yield", für den Halter des Rohstoffes, die selbst die Lagerhaltungskosten übersteigen kann, wenn kurzfristig Nachfrageüberhänge bzw. Angebotsengpässe auftreten und eine negative Prämie im umgekehrten Fall, ceteris paribus. Das Konzept der Verfügbarkeitsprämie in Rohstoffmärkten entstammt den Arbeiten um die "theory of storage" von Kaldor (1939), Working (1949) und Brennan (1958). Dadurch, dass die Verfügbarkeitsprämie je nach Marktsituation positiv oder negativ sein kann, ergibt sich für das Verhalten der Preisfunktion eine mean-reversion Eigenschaft. Dies bedeutet, dass der Preis für einen bestimmten Rohstoff durch einen langfristigen, gleichgewichtigen Preis bestimmt ist, welcher durch kurz- und mittelfristige Störungen durch Angebot, Nachfrage und Vorräten nach oben oder unten abweichen kann, aber in der langen Sicht zum Gleichgewichtsniveau strebt. Mean-reversion beinhaltet aus diesem Grund die Eigenschaft, dass sich die Varianz nicht linear mit der Zeit vergrößert, sondern in der langen Frist konstant wird.

Mean-reversion Prozesse, nach deren Erfindern auch Ornstein-Uhlenbeck Prozesse[45] genannt, haben die Form:

$$dS = k(\mu - S)Sdt + \sigma S dW_2, \tag{4.2}$$

wobei $\mu = \overline{S}$ das langfristige Gleichgewichtsniveau des Ölpreises darstellt. Für eine Funktion Y, für die gilt: $Y = lnS$ und $Y := f(S,t)$ folgt nach Anwendung von Itô's Lemma[46]:

$$dY = [k(\mu - S) - \frac{1}{2}\sigma^2]dt + \sigma S dW_2. \tag{4.3}$$

Durch Umformung der Art:

$$\begin{aligned}
&\left[k(\mu - S) - \frac{\sigma^2}{2}\right], \\
\Leftrightarrow &k\frac{S}{lnS}\left[\mu\frac{lnS}{S} - lnS - \frac{\sigma^2}{2k}\frac{lnS}{S}\right], \\
\Leftrightarrow &k\frac{S}{lnS}\left[\frac{lnS}{S}\left(\mu - \frac{\sigma^2}{2k}\right) - Y\right]
\end{aligned}$$

sowie die Substitutionen $k^* = k\frac{S}{lnS}$ und $\mu^* = \frac{lnS}{S}(\mu - \frac{\sigma^2}{2k})$ kann der Prozess wieder als arithmetischer Ornstein-Uhlenbeck Prozess der folgenden Form beschrieben werden:

$$dY = k^*(\mu^* - Y)dt + \sigma dW_2. \tag{4.4}$$

[45] Vgl. Ornstein & Uhlenbeck (1930).
[46] Vgl. Anhang A.3.

Hierbei besteht allerdings ein Problem bei der Schätzung der Parameter k^* und μ^*, da diese wiederum Funktionen des Spot Preises sind und somit nicht unabhängig aus einer Zeitreihe geschätzt werden können. Schwartz (1997) umgeht diese Problematik mit Hilfe der Vorarbeit von Ross (1995), indem er für den Driftterm nicht den realen Spotpreis und das Gleichgewichtsniveau, sondern deren logarithmierte Form einsetzt:

$$\begin{aligned} dS &= k(\mu - lnS)Sdt + \sigma SdW_2, \qquad (4.5) \\ \mu &= ln\overline{S}. \end{aligned}$$

Über die erneute Transformation zu $Y = lnS$ und $Y := f(S,t)$ und der Anwendung von Itô's Lemma folgt:

$$\begin{aligned} dY &= [k(\mu - lnS) - \frac{1}{2}\sigma^2]dt + \sigma SdW_2, \\ \Leftrightarrow dY &= [k(\mu - Y) - \frac{1}{2}\sigma^2]dt + \sigma SdW_2, \qquad (4.6) \end{aligned}$$

wobei hier durch simple Umstellung und Substitution zu $\mu^* = \mu - \frac{\sigma^2}{2k}$ wiederum ein arithmetischer Ornstein-Uhlenbeck Prozess entsteht, mit der folgenden Form:

$$dY = k(\mu^* - Y)dt + \sigma dW_2. \qquad (4.7)$$

Für diesen Prozess können nun sämtliche Parameter zwecks Kalibrierung aus Zeitreihen gewonnen werden können, da sie alle vom Spot Preis unabhängig sind. Die Kalibrierungen der Parameter k, μ und σ entstammen der Arbeit von Schwartz

Schwartz (1997) Prozessparameter	
k	0,301
μ^*	2,907
σ	0,334

(1997)[47] und werden analog der Wechselkurssimulation 20.000 Mal für je 252 Tage mit dem Startpreis von 96,01 USD simuliert, was dem Marktpreis am 31.12.2007 entspricht.

Die Simulation des Ölpreises ist ebenfalls lognormalverteilt auf 99% Signifikanzniveau[48], wie Abbildung 4.3 zu entnehmen ist. Das Einfaktormodell von Schwartz (1997) ist eines der ersten Spotpreismodelle für Rohstoffpreise und wurde kontinuierlich weiterentwickelt. Im Rahmen dieser Arbeit kann es jedoch angewendet werden, da die simulierte Spannweite der Ölpreisentwicklung von 19,2 USD/bbl bis 181,4 USD/bbl sämtliche Umweltzustände abbildet. Im Referenzzeitraum 2008 schwankte der tatsächliche Ölpreis zwischen 36 und 146 US-Dollar[49].

[47]Die Parameter sind Resultat einer Kalman Filter Schätzung des Modells an einer Zeitreihe für Ölforwards zwischen 1985 und 1995, Vgl. Schwartz (1997), S. 937.

[48]$\chi^2_{USD} = 95,0764 < \chi^2_{krit.bei \quad \alpha=1\%} = 132,3089$.

[49]Vgl. Lufthansa (2008).

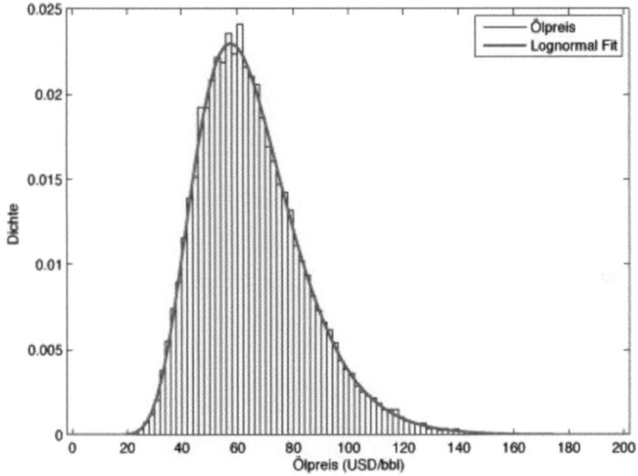

Abbildung 4.3: Simulierter Ölpreis und Lognomal-Fit

4.2.3 Zusammenhang zwischen Ölpreis und Wechselkurs

Wissenschaftliche Arbeiten haben sich in der Vergangenheit entweder auf die Erklärung der Preisbildung auf Rohstoffmärkten oder auf die Dynamiken von Wechselkursen fokussiert, haben jedoch in nur wenigen Fällen eine kombinierte Analyse der beiden Märkte angestrebt. Es erscheint intuitiv, dass beide Märkte aneinander gekoppelt sind, da makroökonomisch ähnliche Treiber für beide Märkte existieren. Chen, Rogoff & Rossi (2008) fassen insgesamt 5 Mechanismen zusammen, die theoretisch auf den Kausalzusammenhang zwischen Rohölpreisen und Wechselkursen wirken und im Folgenden kurz zusammengefasst werden:

1. **Kaufkraft**: Ein abwertender Dollar senkt die Einnahmen der Ölproduzenten, die jedoch Waren aus anderen Währungsräumen als dem Dollarraum

beziehen, sodass diese angebotsseitig versuchen die Preise anzuheben, indem sie die Fördermengen verknappen.

2. **Lokalpreise**: Außerhalb des Dollarraumes steigt bei einem abwertenden Dollar die Nachfrage nach Öl, die bei gegebenen Produktionsmengen zu einem Preisanstieg führt.

3. **Anlagen**: Ein abwertender Dollar reduziert die Rendite von in US-Dollar denominierten Anlagen, sodass alternative Anlageklassen, wie nicht in USD notierte Rohstoffe verstärkt von ausländischen Investoren nachgefragt werden.

4. **Geldpolitik**: In Währungsräumen, wie z.B. China, die an den Dollar gekoppelt sind, wird üblicherweise der Leitzins im Falle eines abwertenden Dollars gesenkt, was zu einer erhöhten Liquidität und einer damit häufig einhergehenden erhöhten Ölnachfrage führt. Dies wirkt sich wiederum auf den Ölpreis aus.

5. **Devisenmarkt**: Die Hypothese von Chen, Rogoff & Rossi (2008), dass Devisenmärkte effizienter sind als Rohstoffmärkte implizieren, dass sie Informationen über realwirtschaftliche Entwicklungen verarbeiten, die auf den Ölpreis wirken. Allerdings Treibt der Rohstoffhandel zwischen den Ländern die "terms of trade", die wiederum Auswirkungen auf den Wechselkurs haben, sodass hier konfliktierende Kausalitätsrichtungen vorherrschen.

Die Problematik dieser Mechanismen besteht im Zusammenspiel einer Vielzahl von Märkten und Regierungen, wobei jeder der Faktoren in unterschiedlichen Situationen unterschiedlich stark wirkt. In Summe muss betrachtet werden, in welche Richtung der Einfluss wirkt, vom US-Dollar auf den Ölpreis, oder umgekehrt, wie stark und mit welchem Vorzeichen. Tatsächlich besteht in der Empirie ein ambivalentes Bild darüber. Während Cheng (2008), Krichene (2005) und Yousefi & Wirjanto (2005) einen negativen Zusammenhang zwischen US-Dollar und Ölpreis beobachten, lehnen andere Arbeiten, u.a. von Amano & van Norden (1998), Benassy-Quere, Mignon & Penot (2005) und Schimmel (2008) diese Hypothese ab. Wenn man die Tagesrenditen des US-Dollar zu Euro Wechselkursen und des Western Texas Intermediate (WTI) Öls univariat analysiert, zeigt sich eine Korrelation von 0,04 bei einem 95% Konfidenzniveau. Auf der anderen Seite zeigt sich bei der Regression von US-Dollarrenditen auf die Ölpreisrenditen ein R^2 von 0,002 bei einem 95% Konfidenzniveau[50], sodass zwar ein Zusammenhang sichtbar ist, jedoch mit minimalem Erklärungsgehalt. Auf Grund der ambivalenten empirischen Resultate und der insgesamt sehr geringen Einflussgröße wird für die Simulation eine stochastische Unabhängigkeit der Prozessinkremente für Ölpreis und Wechselkurs angenommen[51]:

$$dW_1 dW_2 = \rho dt = 0. \tag{4.8}$$

4.2.4 Hedging

Für die Auswirkung von Hedging auf die Verteilungsfunktion des EBIT der Lufthansa werden lineare Hedge Instrumente verwendet. Dies sind in diesem Falle Futures Kontrakte für Öl und den EUR/USD Wechselkurs. Potenzielle Ausfallrisiken der Kontraktemittenten (counterparty risk) werden für die Analyse ignoriert.

Da die Lufthansa sowohl die Umsätze aus Ticketverkäufen, als auch die Kosten aus der Tätigkeit in den USA sowie den Treibstoffkosten über eine amerikanische

[50]Quelle: Thomson Reuters Datastream, Tagesnotierungen EUR/USD, WTI Spot, 1999-2007, N=2.343.

[51]Ein modellierter Zusammenhang zwischen Ölpreisen und Wechselkursen lässt sich jedoch einfach über eine Cholesky Faktorisierung der Korrelationsmatrix implementieren. Vgl. dazu u.a. Rudolf (2000).

Tochter generiert, werden gemäß der internationalen Regeln für Rechnungslegung (IAS) die Positionen in US Dollar erst zum Jahresende bei der Konsolidierung der Einzelbilanzen zur Konzernbilanz zum Jahresdurchschnittskurs in Euro umgerechnet[52]. Es besteht dementsprechend ein Translationsrisiko für die US Dollar Exposure. Für die Lufthansa macht es dementsprechend Sinn nur die Exposure zum Jahresende abzusichern. Der zu hedgende Dollarbetrag wird über einen am Markt gehandelten Futureskontrakt mit Laufzeit von einem Jahr abgesichert. Der Marktpreis des Futures zu Jahresbeginn 2008 betrug 0,6880 EUR/USD.

Für den Fall des Treibstoffs wird ein lineares Hedge Verhalten abgebildet. Dies bedeutet, dass der Monatsbedarf an Kerosin jeweils zum Monatsende in Rohöl abgesichert wird. Die Verteilung der Mengen erfolgt uniform aus der Tatsache heraus, dass Airlines über Preismanagement bei den Ticketverkäufen versuchen die Auslastung über das Geschäftsjahr hinaus konstant zu halten. Die Lufthansa unternimmt vereinzelt Optionsgeschäfte, um Schwankungen im "crack spread" abzufangen, jedoch geschieht dies auf der einen Seite in sehr beschränktem Umfang und auf der anderen Seite ist der Markt für Derivate auf den "crack spread" hoch illiquide und wird von der Lufthansa auf Grund hoher Optionsprämien kaum genutzt[53]. Eine Hedge Ratio von 10% bedeutet somit, dass jeweils 10% der geplanten Treibstoffmenge pro Monat am Terminmarkt abgesichert werden.

Die Futures-Kurve für WTI Cushing zum Jahresbeginn ist in Tabelle 4.4 abgebildet.

Da Rohöl in USD gehandelt wird, wird bei den Hedges angenommen, dass nur die gehedgete Menge Rohöl zur USD Exposure hinzugenommen wird und entsprechend

[52]Vgl. Lufthansa (2008), IAS 21.
[53]Vgl. Lufthansa (2008).

Laufzeit[a]	Preis (USD)/bbl
1M[b]	96,00
2M	95,98
3M	95,78
4M	95,24
5M	94,65
6M	94,03
7M	93,45
8M	92,92
9M	92,40
10M	91,91
11M	91,44
12M	90,97

[a]Quelle: Bloomberg.
[b]linear interpoliert zwischen Spotpreis am 31.12.2007 und 2M Kontrakt.

Tabelle 4.4: Forward Kurve WTI Cushing Öl, Stand 31.12.2007

der jeweiligen Hedge Ratio für USD abgesichert wird. Die Hedge Ratios für USD und Rohöl werden in 10% Schritten erhöht und ergeben somit 121 Kombinationen von Hedge Szenarien.

4.3 Simulationsergebnisse

Für jede Hedge Kombination ergibt sich nun eine Verteilungsfunktion des EBIT. Zur Veranschaulichung zeigt Abbildung 4.4 vier ausgewählte EBIT Verteilungen. Die Verteilungen sind nach Hedge Kombinationen angeordnet, wobei die Hedge Kombination 30% USD / 80% Treibstoff eine Annäherung an das Hedge Regime der Lufthansa darstellen soll, mit 26% USD und 81% Treibstoff.

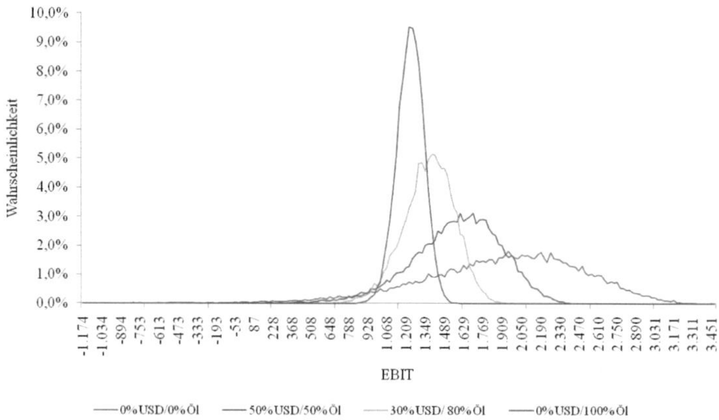

Abbildung 4.4: EBIT Verteilungen in Abhängigkeit des Hedge Ratios

Tabelle 4.5 beschreibt die Charakteristika der Verteilungen. Wie erwartet, reduziert eine steigende Hedge Ratio die Volatilität sowie die Kurtosis der Verteilungen, sodass Schwankungsbreite und extreme Ausreißer kleiner bzw. seltener werden bis das Ergebnis im Falle der vollen Absicherung gegen USD und Treibstoffpreise letztendlich deterministisch wird. Für die Hedge Kombination, die auch der der Lufthansa entspricht wurde eine EBIT Verteilung simuliert, die einem EBIT Erwartungswert in Höhe von 1365 Mio. Euro lediglich 0,8% vom tatsächlichen EBIT der Lufthansa abweicht. Dies ist ein Validierungskriterium für die Genauigkeit der Simulationsannahmen und Prozessparameter.

Die Art der Verteilungen erinnern an vertikal gespiegelte Lognormalverteilungen, was durch die Konstruktion des EBIT erklärbar ist. Da die Preisdynamik des Ölpreises sowohl in USD, als auch in EUR lognormal verteilt ist und eine große Kostenposition darstellt, scheint die Gesamtverteilung dadurch dominiert zu sein.

	Hedge Ratio USD/Öl			
	0% / 0%	50% / 50%	30% / 80%	0% / 100%
Minimum (Mio. EUR)	-1.174	-8	424	826
Mittelwert (Mio. EUR)	1.899	1.565	1.365	1.228
Median (Mio. EUR)	1.954	1.593	1.375	1.231
Maximum (Mio. EUR)	3.498	2.503	1.965	1.578
Standardabw. (Mio. EUR)	591	324	186	98
Variationskoeffizient	31%	21%	14%	8%
Schiefe	-0,63	-0,55	-0,31	-0,18
Kurtosis	0,72	0,55	0,16	0,08

Tabelle 4.5: Charakteristika ausgewählter simulierter EBIT Verteilungen

Bei einer positiven Nettoposition würde die EBIT Verteilung entsprechend eher lognormal sein.

In der Gesamtbetrachtung kann man anhand des Variationskoeffizienten die Risikoreduktion durch Hedging deutlich aufzeigen. Für nicht normierte Verteilungen wird häufig der Variationskoeffizient benutzt, da er die Standardabweichung ins Verhältnis zum Mittelwert setzt, um somit eine Vergleichbarkeit zwischen den Verteilungen zu ermöglichen. Dies ist insbesondere im Fall von Verteilungen mit ähnlichen Prozessdynamiken von Vorteil, wie Abbildung 4.5 zeigt. Deutlich sichtbar ist die überdurchschnittliche Varianzreduktion für Rohstoffpreishedging, auf Grund des höheren Volatilitätsbeitrags im Vergleich zum EUR/ USD Wechselkurs.

Auffällig ist, dass bis zu einer Hedge Ratio von 40% für den Ölpreis, die Volatilität der EBIT Rendite bei steigendem Hedge Ratio für US-Dollar zunimmt - dies ist ebenfalls in Tabelle 5.1 im nächsten Kapitel sichtbar. Die Ursache liegt in einem berechnungsinherenten Diversifikationseffekt. Zwar wurden die Renditen stochastisch unabhängig modelliert, jedoch zeigen die Preise der Zufallsvariablen

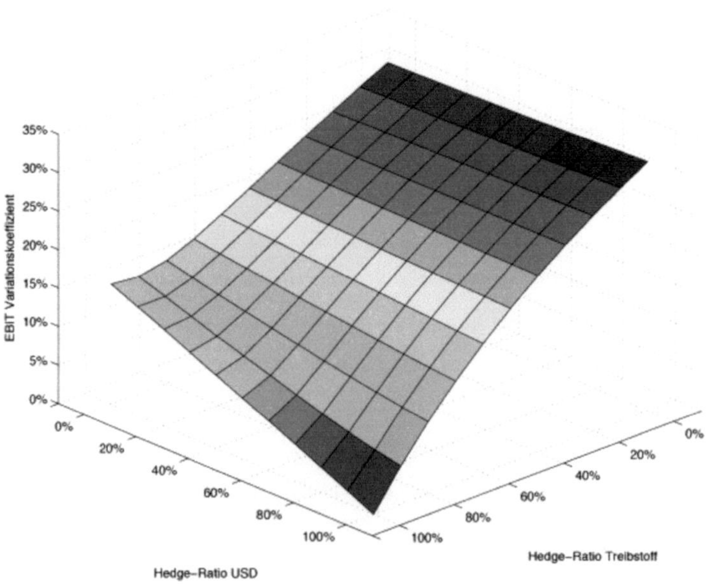

Abbildung 4.5: Variationskoeffizient des EBIT nach Hedge Ratio

EUR/USD und Öl (in EUR/bbl) eine Korrelation von 0,19[54]. Das EBIT setzt sich ausgehend von Abbildung 4.1 zusammen aus:

$$EBIT = Fixkomponente + USD_{fix} * HR_{USD} + USD_{var} * (1 - HR_{USD}) - \ddot{O}l_{var,inEUR/bbl} \tag{4.9}$$

Hierbei entspricht die Fixkomponente dem operativen EBIT Beitrag, wie in Grafik 4.1 abgetragen ist. Die USD- und Treibstoffexposure wird aufgeteilt in eine fixe Komponente, die sich aus der gehedgeten Treibstoff und USD Position zusammensetzt ($USD_{fix} * HR_{USD}$) sowie eine variable Komponente, die die ungehedgete Dollarkomponente ($USD_{var} * (1 - HR_{USD})$) und die ungesicherte Treibstoffkomponente ($\ddot{O}l_{var,inEUR/bbl}$)enthält. Da Treibstoff als Kostenposition ins EBIT einfließt ist das Vorzeichen entsprechend negativ.

Da der nicht gehedgete US-Dollarbetrag (USD_{var}) die Nettoposition in US-Dollar abzüglich gehedgeter Ölexposure darstellt, ist dieser Wert für Öl Hedge Ratios bis einschließlich 30% positiv, danach auf Grund des Ölkostenüberhangs negativ, da die ungehedgete Ölkomponente konstant negativ zum EBIT beiträgt. Entsprechend sind die mit der Hedge Ratio gewichteten Komponenten USD_{var} und $\ddot{O}l_{var(EUR/bbl)}$ bis 30% Öl Hedge Ratio negativ korreliert mit einem abnehmenden Diversifikationseffekt bei steigendem Dollar Hedge Ratio und positiv korreliert ab 40% Hedge Ratio[55].

Insgesamt ist der Reduktionsbeitrag des Ölpreises für die Volatilität signifikant größer, und eine Kombination von vollständigem Hedging der beiden Risikofaktoren aus Volatilitätssicht optimal. Dies erscheint auch intuitiv, da man durch

[54] t-Wert=27,4 entspricht Konfidenzniveau>99%.

[55] Dadurch, dass die Zufallsvektoren USD_{var} und $\ddot{O}l_{var}$ durch die Exposure gewichtet wird, gilt: $\rho_{USD_{var},\ddot{O}l_{var}} < 0; \rho_{USD_{var},-\ddot{O}l_{var}} > 0$.

Absicherung der gesamten Exposure auch keine Volatilität mehr hat, da das Ergebnis deterministisch ist. Jedoch ist auch hier noch einmal wichtig anzumerken, dass die Lösung keineswegs trivial ist, da insbesondere die Korrelation der Risikofaktoren zur operativen Komponente entscheidet, ob ein Unternehmen 100% hedged oder weniger. Im Falle einer Hedge Ratio von mehr als 100% entsteht entsprechend wieder Volatilität, da nach Abzug der tatsächlich benötigten Menge an Dollar bzw. Treibstoff die Restposition am Markt aufgelöst werden muss und dort die Volatilität des Spotpreises wieder auf die EBIT Verteilung wirkt.

Das hier verwendete Beispiel zeigt jedoch deutlich, dass die Frage, ob ein Unternehmen seine Risiken zu welchem Grad absichern möchte immer von folgenden Faktoren abhängt:

- Anzahl der im Unternehmen wirkenden Risikofaktoren
- Korrelation der (Markt-)Risikofaktoren untereinander
- Vorzeichen der Nettoexposition eines jeden Risikofaktors
- Korrelation des Risikoportfolios zur operativen Komponente

Dies ist ebenfalls eine Indikation dafür, dass neben der Koordinationsfunktion von Hedging, dem Einflussfaktor Wettbewerb und potenziellen Spekulationsmotiven in erster Linie entscheidend ist, wie das Unternehmen als Portfolio von interdependenten Risiken strukturiert ist und inwieweit das Management durch Investitionsentscheidungen die Komposition dieses Portfolios verändern kann.

Kapitel 5

Auswirkungen auf die Bewertung

Nach erfolgter Simulation der EBIT Verteilungen bei unterschiedlichen Hedge Ratios für die beiden Risikofaktoren Wechselkurs und Rohstoffpreis, soll in diesem Kapitel die Auswirkung auf den Unternehmenswert, die Verschuldung sowie die Kreditqualität der Lufthansa untersucht werden. Im Anschluss daran wird eine Kurzevidenz vom Kapitalmarkt präsentiert, die die Ergebnisse zum einen stützt und zum anderen Möglichkeiten aufzeigt, wie der in der vorliegenden Dissertationsschrift gewählte Analyseansatz empirisch überprüft werden kann, da in der europäischen Luftfahrtindustrie keine Datenpunkte für eine breite Untersuchung bestehen.

5.1 Implementierung der Simulation ins Strukturmodell

Für die Implementierung der Simulationsergebnisse in das Modell von Goldstein, Ju & Leland (2001) wird die Volatilität der EBIT Rendite zur Bewertung der Einzelansprüche benötigt. Die Inklusion der simulierten EBIT Rendite als Grundlage für den Diskontfaktor ist nicht notwendig, da das Modell die Bewertung risikoneutral vornimmt, und die erwartete Rendite unter dem risikoneutralen Maß dem risikolosen Zinssatz entspricht. Aus den Verteilungen der EBITs werden ausgehend vom beobachteten EBIT zum 31.12.2007 einperiodige EBIT Renditen errechnet. Tabelle 5.1 fasst die Ergebnisse zusammen.

Modellbasiert ist es dann möglich über die Volatilitätsparameter der EBIT Rendite den Wert der Ansprüche gegen das Unternehmen zu bestimmen. Die Ermittlung der Wertbeiträge sowie der Kreditrisikoprämie lassen sich nun für jede Hedge Ratio durchführen. In Anhang A.4.2 sowie A.4.3 ist die Rechnung für den Fall des ungehedgeten Unternehmens bei 42,9% Volatilität explizit vorgerechnet. Die in diesem Kapitel präsentierten Wertbeiträge und Kreditrisikoprämien nutzen, ceteris paribus, jeweils den der Hedge Ratio entsprechenden Volatilitätsparameter.

Zuallererst soll die Parameterwahl für das Modell, wie bereits in Kapitel 3.2.3 festgelegt werden. Das zu Grunde liegende EBIT entspricht dem EBIT der Lufthansa zum 31.12.2007. Der risikolose Zins entspricht hierbei der Rendite auf 30-jährige deutsche Staatsanleihen nach Steuern[56]. Der Steuersatz beträgt für deutsche Unternehmen 30%. Der Steuersatz für Dividendeneinkünfte entspricht dem Abgeltungssteuersatz. Die Insolvenzkosten sind wiederum an Warner (1977) angelehnt.

[56] Vorsteuerrendite auf Deutsche Staatsanleihen mit 30 Jähriger Laufzeit beobachtet am 01.01.2008 $= 4,602\%$. Der Nachsteuersatz ist entsprechend $4,062\% * (1 - \tau_c) = 3,22\%$, Quelle: Bloomberg.

	Hedge Ratio Öl										
HR USD	0%	10%	20%	30%	40%	50%	60%	70%	80%	90%	100%
0%	42,90%	39,02%	35,20%	31,46%	27,82%	24,35%	21,12%	18,27%	15,98%	14,53%	14,18%
10%	43,11%	39,18%	35,31%	31,49%	27,77%	24,17%	20,78%	17,71%	15,14%	13,38%	12,76%
20%	43,33%	39,35%	35,42%	31,53%	27,71%	24,00%	20,45%	17,16%	14,32%	12,24%	11,34%
30%	43,56%	39,53%	35,53%	31,56%	27,65%	23,83%	20,13%	16,64%	13,53%	11,12%	9,93%
40%	43,80%	39,71%	35,64%	31,60%	27,60%	23,66%	19,81%	16,13%	12,76%	10,01%	8,51%
50%	44,05%	39,89%	35,76%	31,64%	27,54%	23,49%	19,51%	15,65%	12,02%	8,93%	7,09%
60%	44,31%	40,09%	35,87%	31,67%	27,49%	23,33%	19,22%	15,19%	11,33%	7,88%	5,67%
70%	44,58%	40,29%	35,99%	31,71%	27,44%	23,18%	18,94%	14,76%	10,68%	6,89%	4,25%
80%	44,86%	40,49%	36,12%	31,75%	27,38%	23,02%	18,68%	14,35%	10,08%	5,97%	2,84%
90%	45,16%	40,70%	36,24%	31,78%	27,33%	22,87%	18,42%	13,98%	9,55%	5,17%	1,42%
100%	45,46%	40,91%	36,37%	31,82%	27,28%	22,73%	18,18%	13,64%	9,09%	4,55%	0,00%

Tabelle 5.1: Volatilität der EBIT Rendite bei unterschiedlichen Hedge Ratios

Inputparameter Basisszenario

Operativer Ertrag (EBIT, in Mio. EUR)	δ	1378
Unternehmenswert/ EBIT	Multiple	17
Unternehmenssteuersatz	τ_c	30%
Steuern auf Dividendeneinkünfte	τ_d	26,375%
Risikofreier Zins (nach Steuern)	r	3,22%
Insolvenzkosten als Anteil am Unternehmenswert	α	5%

Auf den folgenden Seiten soll auf der einen Seite dargelegt werden, wie die Wertverteilung der Einzelansprüche gegen das Unternehmen im optimalen Fall ist sowie für den Fall der Lufthansa im Jahr 2008, mit ihrer zu dem Zeitpunkt bestehenden Kapitalstruktur. Zum allgemeinen Vergleich zeigt Tabelle 5.2 die Markt- und Buchwerte für Eigen- und Fremdkapital sowie Parameter des Kreditrisikos für die Lufthansa. Diese Werte sind lediglich der Orientierung halber enthalten, um die Werte aus dem Modell gegen die Realität messen zu können.

Lufthansa AG (Mio. EUR)	2007	2008
Buchwert Eigenkapital	6.900	6.919
Marktwert Eigenkapital	8.330	5.123
Buchwert Fremdkapital	3.400	3.632
Firmenwert	11.730	8.755
Buchwert FK gesamt (inkl. Pensionen)	15.420	15.489
Volatilität Eigenkapital	26,26%	35,38%
Ausfallwahrscheinlichkeit	1,93%	1,84%
Rating (S&P)	BBB	BBB

Quelle: Bloomberg

Tabelle 5.2: Wert- und Kreditkomponenten der Lufthansa AG 2007, 2008

5.1.1 Optimale Kapitalstruktur

5.1.1.1 Wertbeiträge

Über den in Gleichung 3.33 auf Seite 80 ermittelten optimalen Coupon lassen sich nun die Wertbeiträge errechnen. Für den Fall des Unternehmenswertes, als Summe von Eigen- und Fremdkapitalwert, in Abhängigkeit des Hedge Regimes lässt sich Tabelle 5.3 heranziehen.

Man stellt fest, dass die durch Hedging induzierte Verringerung der Varianz, bei einer Marktbewertung von Eigen- und Fremdkapital durch das Strukturmodell, zu einer Differenz des Unternehmenswertes in Höhe von 541 Millionen Euro führt. Dies entspricht einer prozentualen Steigerung von 3,9%. Analog der Volatilitäten der EBIT Renditen, die bis zu einem Sicherungsgrad für Treibstoff von 40% bei Wechselkurshedging zunehmen, auf Grund des berechnungsimmanenten Diversifikationseffektes, sinkt auch der errechnete Unternehmenswert bei Wechselkurshedging. Dieser Effekt wirkt entsprechend auch auf die anderen Wertbeiträge. Die Implikation daraus ist in jedem Fall, dass es für die Lufthansa aus Gesichtspunkten der Wohlfahrtsmaximierung der Eigenkapitalgeber optimal ist, bei einem Sicherungsgrad von Öl unter 50% vollständig auf die Sicherung der Exposition in US-Dollar zu verzichten, darüber hinaus jedoch Wechselkurssicherungen in vollem Ausmaß zu betreiben.

Die Steigerung im Unternehmenswert geht jedoch mit einer veränderten Kapitalstruktur einher, wie Tabelle 5.4 zeigt. Hierbei steigt der Wert des Fremdkapitals entsprechend seiner Optionscharakteristik von 9,8 Milliarden Euro auf 10,8 Milliarden Euro an, was einer Wertsteigerung von 9,8% entspricht. Dass diese Wertsteigerung nicht vollständig dem Unternehmenswert zugute kommt, liegt primär an der entgegengesetzten Wertentwicklung des Eigenkapitals, welches als Call Option mit sinkender Volatilität an Wert verliert. Den Fremdkapitalwert im Verhältnis

		Hedge Ratio Öl										
		0%	10%	20%	30%	40%	50%	60%	70%	80%	90%	100%
HR USD	0%	13.645	13.668	13.696	13.727	13.763	13.803	13.846	13.890	13.928	13.955	13.961
	10%	13.644	13.667	13.695	13.727	13.764	13.805	13.851	13.899	13.943	13.976	13.988
	20%	13.642	13.666	13.694	13.727	13.764	13.808	13.856	13.908	13.958	13.998	14.016
	30%	13.641	13.665	13.693	13.726	13.765	13.810	13.861	13.917	13.973	14.021	14.045
	40%	13.640	13.664	13.692	13.726	13.766	13.812	13.866	13.926	13.988	14.043	14.074
	50%	13.638	13.663	13.692	13.726	13.766	13.814	13.870	13.934	14.003	14.065	14.102
	60%	13.637	13.662	13.691	13.725	13.767	13.816	13.875	13.942	14.017	14.086	14.128
	70%	13.636	13.660	13.690	13.725	13.767	13.818	13.879	13.950	14.030	14.106	14.152
	80%	13.634	13.659	13.689	13.725	13.768	13.820	13.883	13.958	14.042	14.123	14.170
	90%	13.633	13.658	13.688	13.724	13.768	13.822	13.887	13.965	14.053	14.137	14.182
	100%	13.631	13.656	13.687	13.724	13.769	13.824	13.891	13.971	14.062	14.147	14.186

Tabelle 5.3: Unternehmenswert nach Hedge Ratio bei optimaler Kapitalstruktur

zum Unternehmenswert als Verschuldungsgrad des Unternehmens zeigt Tabelle 5.5. Hier erkennt man deutlich, dass bei einer optimalen Initialverschuldung ohne Hedging das Fremdkapital nahezu drei Viertel des Unternehmenswertes ausmacht und folglich auch einen höheren Beitrag zur Unternehmenswertsteigerung bei fallender Volatilität beisteuert, als das an Wert verlierende Eigenkapital.

Die Ausfallschwelle, die das Modell von Goldstein, Ju & Leland (2001) für jedes Hedge Regime berechnet, kann Tabelle 5.6 entnommen werden. Dies stellt den EBIT Wert dar, bei dem die Eigenkapitalgeber das Unternehmen in die Insolvenz führen würden, da ihr Optionswert null ist. Hierbei scheint es auf den ersten Blick verwunderlich, dass die Ausfallschwelle mit sinkender Volatilität zunimmt, jedoch liegt es daran, dass die Verteilungen mit sinkender Volatilität entsprechend "enger" werden und die Quantile entsprechend steigen.

5.1.1.2 Kreditqualität

Die präsentierten Ausfallschwellen lassen sich nun in einem zweiten Schritt als Wahrscheinlichkeiten der EBIT Verteilungen darstellen. Da die Ausfallschwelle den Moment identifiziert, an dem die Eigenkapitalgeber nicht mehr bereit sind über Kapitalerhöhungen den Zins an die Fremdkapitalgeber zu leisten, kann über die Analyse der Eintrittswahrscheinlichkeit eines solchen EBIT Wertes die Ausfallwahrscheinlichkeit für die Lufthansa abgeleitet werden, abhängig von der Hedge Ratio. Dadurch, dass die Verteilungsfunktionen aus der Simulation bekannt sind, lässt sich die Wahrscheinlichkeit für den Eintritt der Insolvenz von Seiten der Eigenkapitalgeber schätzen. Die Wahrscheinlichkeiten werden in Tabelle 5.8 dargestellt. Hierbei fällt auf, dass bei den gewählten Modellparametern die Ausfallwahrscheinlichkeiten mit bis zu 1,95% in einem realistischen Bereich liegen, wenn man Tabelle 5.2 als Referenzmaßstab hinzuzieht und das Modell folglich den Aus-

		Hedge Ratio Öl										
		0%	10%	20%	30%	40%	50%	60%	70%	80%	90%	100%
HR USD	0%	9.795	9.833	9.878	9.930	9.989	10.057	10.131	10.206	10.275	10.321	10.333
	10%	9.793	9.831	9.876	9.929	9.990	10.061	10.139	10.222	10.301	10.360	10.382
	20%	9.791	9.830	9.875	9.929	9.991	10.064	10.148	10.238	10.328	10.400	10.433
	30%	9.789	9.828	9.874	9.928	9.992	10.068	10.156	10.254	10.355	10.441	10.486
	40%	9.787	9.826	9.872	9.927	9.993	10.072	10.164	10.270	10.382	10.482	10.539
	50%	9.785	9.824	9.871	9.927	9.994	10.075	10.172	10.285	10.408	10.523	10.592
	60%	9.783	9.822	9.869	9.926	9.995	10.079	10.180	10.300	10.433	10.563	10.641
	70%	9.780	9.820	9.868	9.926	9.996	10.083	10.188	10.314	10.458	10.599	10.686
	80%	9.778	9.818	9.866	9.925	9.997	10.086	10.195	10.327	10.480	10.632	10.721
	90%	9.775	9.816	9.865	9.925	9.998	10.089	10.202	10.340	10.500	10.658	10.744
	100%	9.773	9.814	9.863	9.924	9.999	10.093	10.209	10.351	10.517	10.677	10.752

Tabelle 5.4: Fremdkapitalwert optimale Kapitalstruktur

		Hedge Ratio Öl										
		0%	10%	20%	30%	40%	50%	60%	70%	80%	90%	100%
HR USD	0%	71,79%	71,94%	72,12%	72,33%	72,58%	72,86%	73,17%	73,48%	73,77%	73,96%	74,01%
	10%	71,78%	71,93%	72,12%	72,33%	72,58%	72,88%	73,20%	73,55%	73,88%	74,13%	74,22%
	20%	71,77%	71,93%	72,11%	72,33%	72,59%	72,89%	73,24%	73,62%	73,99%	74,30%	74,43%
	30%	71,76%	71,92%	72,11%	72,33%	72,59%	72,91%	73,27%	73,68%	74,11%	74,47%	74,66%
	40%	71,75%	71,91%	72,10%	72,33%	72,60%	72,92%	73,31%	73,75%	74,22%	74,64%	74,88%
	50%	71,74%	71,90%	72,09%	72,32%	72,60%	72,94%	73,34%	73,81%	74,33%	74,82%	75,11%
	60%	71,74%	71,90%	72,09%	72,32%	72,61%	72,95%	73,37%	73,87%	74,44%	74,98%	75,32%
	70%	71,73%	71,89%	72,08%	72,32%	72,61%	72,97%	73,40%	73,93%	74,54%	75,14%	75,51%
	80%	71,72%	71,88%	72,08%	72,32%	72,61%	72,98%	73,43%	73,99%	74,63%	75,28%	75,66%
	90%	71,71%	71,87%	72,07%	72,31%	72,62%	72,99%	73,46%	74,04%	74,72%	75,39%	75,76%
	100%	71,70%	71,86%	72,06%	72,31%	72,62%	73,01%	73,49%	74,09%	74,79%	75,47%	75,79%

Tabelle 5.5: Verschuldungsgrad optimale Kapitalstruktur

		Hedge Ratio Öl										
		0%	10%	20%	30%	40%	50%	60%	70%	80%	90%	100%
HR USD	0%	488,0	495,7	504,7	514,9	526,6	539,6	553,6	567,8	580,3	588,9	591,0
	10%	487,6	495,4	504,4	514,8	526,8	540,3	555,2	570,7	585,2	595,9	599,8
	20%	487,3	495,0	504,1	514,7	527,0	541,0	556,8	573,7	590,1	603,1	608,9
	30%	486,8	494,7	503,8	514,6	527,2	541,8	558,4	576,6	595,0	610,4	618,2
	40%	486,4	494,3	503,6	514,5	527,4	542,5	559,9	579,4	599,8	617,7	627,6
	50%	486,0	493,9	503,3	514,4	527,5	543,1	561,4	582,2	604,5	624,9	636,8
	60%	485,5	493,5	503,0	514,3	527,7	543,8	562,9	584,9	609,0	631,7	645,4
	70%	485,0	493,1	502,7	514,2	527,9	544,5	564,3	587,5	613,3	638,1	652,9
	80%	484,6	492,7	502,4	514,0	528,1	545,1	565,6	589,9	617,2	643,6	658,9
	90%	484,1	492,3	502,1	513,9	528,3	545,8	566,9	592,2	620,7	648,2	662,8
	100%	483,6	491,8	501,8	513,8	528,5	546,4	568,2	594,3	623,8	651,5	664,1

Tabelle 5.6: Endogene Ausfallschwelle als EBIT Größe

fallzeitpunkt in der Gesamtverteilung aller EBIT Werte qualifiziert abbilden kann. Die Betrachtung einer durch die Eigenkapitalgeber hervorgerufenen Insolvenz als Wahrscheinlichkeit ähnelt einer "at Risk" Betrachtung, sodass daraus auch eine Direktive an das Management abgeleitet werden kann, niemals ein EBIT unterhalb dieser Ausfallschwelle zuzulassen. Abbildung 5.1 verdeutlicht die Ermittlung der Ausfallwahrscheinlichkeit am Beispiel des ungehedgeten Falls.

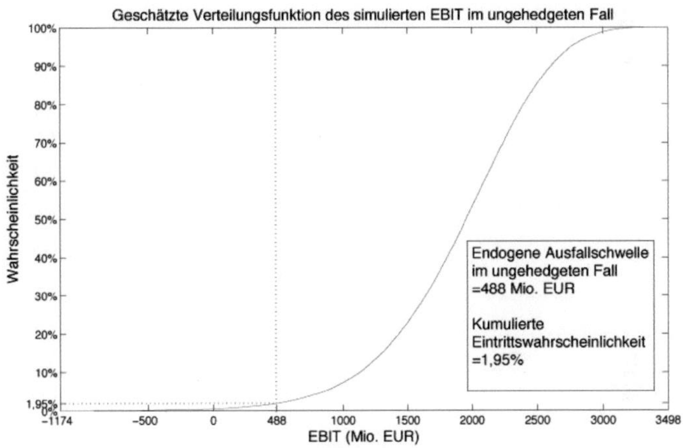

Abbildung 5.1: Ermittlung der Ausfallwahrscheinlichkeit im GJL Modellrahmen

Man erkennt insgesamt, dass ab einem Sicherungsgrad für Treibstoff größer als 70% die Ausfallwahrscheinlichkeit innerhalb eines Jahres gegen 0 tendiert und die Anlage nahezu risikofrei ist. Hierbei ist allerdings anzumerken, dass es lediglich für den Ausfall innerhalb eines Jahres gilt, da die EBIT Verteilung jeweils für ein Geschäftsjahr berechnet wurde. In einem Mehrperiodenkontext würden sich die Wahrscheinlichkeiten kumulieren und entsprechend andere Werte liefern.

Übersetzt in die Rating Tabelle von Standard und Poor's für das Jahr 2007, lassen sich die endogen bestimmten Ausfallwahrscheinlichkeiten in Ratings überführen.

Standard und Poor‘s nutzen hierbei Daten über Unternehmensinsolvenzen aus den USA, Europa und Wachstumsmärkten seit 1981 und aktualisieren ihre Datensätze entsprechend jährlich. Tabelle 5.7[57] zeigt entsprechende Ausfallwahrscheinlichkeiten innerhalb eines Jahres und das dazugehörige Rating.

1 YR p(def)	Rating
0,00%	AAA
0,00%	AA+
0,00%	AA
0,02%	AA-
0,05%	A+
0,06%	A-
0,07%	A
0,15%	BBB+
0,23%	BBB
0,31%	BBB-
0,52%	BB+
0,81%	BB
1,44%	BB-
2,53%	B+
6,27%	B
9,06%	B-
25,59%	CCC/C

Tabelle 5.7: Standard & Poor‘s Rating Tabelle 2007

Aus der Kombination der Ausfallwahrscheinlichkeiten und der Rating Tabelle von Standard und Poor‘s lässt sich nun eine Rating Matrix für unterschiedliche Hedge

[57] Vgl. Standard & Poor’s (2008), S. 11.

		Hedge Ratio Öl										
		0%	10%	20%	30%	40%	50%	60%	70%	80%	90%	100%
HR USD	0%	1,95%	1,65%	1,40%	1,10%	0,85%	0,55%	0,30%	0,15%	0,00%	0,05%	0,15%
	10%	1,95%	1,65%	1,40%	1,10%	0,80%	0,55%	0,30%	0,10%	0,00%	0,00%	0,05%
	20%	1,95%	1,70%	1,45%	1,10%	0,80%	0,55%	0,25%	0,10%	0,00%	0,00%	0,00%
	30%	2,00%	1,70%	1,45%	1,10%	0,80%	0,55%	0,25%	0,10%	0,00%	0,00%	0,00%
	40%	2,00%	1,75%	1,45%	1,10%	0,80%	0,50%	0,25%	0,10%	0,00%	0,00%	0,00%
	50%	2,05%	1,75%	1,45%	1,10%	0,80%	0,50%	0,25%	0,05%	0,00%	0,00%	0,00%
	60%	2,10%	1,75%	1,45%	1,10%	0,80%	0,50%	0,25%	0,05%	0,00%	0,00%	0,00%
	70%	2,10%	1,75%	1,50%	1,10%	0,80%	0,45%	0,25%	0,05%	0,00%	0,00%	0,00%
	80%	2,15%	1,80%	1,50%	1,10%	0,80%	0,45%	0,20%	0,05%	0,00%	0,00%	0,00%
	90%	2,20%	1,85%	1,50%	1,10%	0,80%	0,45%	0,20%	0,05%	0,00%	0,00%	0,00%
	100%	2,25%	1,90%	1,50%	1,15%	0,80%	0,45%	0,20%	0,00%	0,00%	0,00%	0,00%

Tabelle 5.8: Endogene Ausfallschwelle als Ausfallwahrscheinlichkeit

Ratios der Lufthansa erstellen. Die Rating Matrix lässt sich Tabelle 5.9 entnehmen. Wie man erkennt, würde die Lufthansa durch Hedging aus dem Bereich des Nichtinvestmentbereichs zu einer nahezu risikofreien Anlage für ein Jahr mutieren. Hierbei sollte natürlich erwähnt sein, dass hier neben der Fokussierung auf ein Geschäftsjahr ebenfalls auf operative Risiken verzichtet wurde, die im Normalfall eingepreist werden müssten. Der Effekt einer Berücksichtigung operativer Risikokomponenten wäre insofern relevant, als dass nach Berücksichtigung eventueller Korrelationen zu Treibstoffpreisen und Wechselkursen eine nicht durch Derivate eliminierbare Risikokomponente übrig bleiben würde, die über den Volatilitätsparameter entsprechend auf die Ausfallwahrscheinlichkeiten und das implizite Rating wirken würde. Diese Betrachtung liegt jedoch außerhalb des Dissertationsfokus.

Wie die historischen Ausfallwahrscheinlichkeiten von Standard und Poor's aus Tabelle 5.7 bereits anzeigen, haben die Ratingklassen AA, AA+ und AAA alle eine Ausfallwahrscheinlichkeit von 0% innerhalb eines Jahres und somit sind unter der Ratingklasse AA in Tabelle 5.9 ebenfalls die Klassen AA+ und AAA subsumiert.

Für den Fall der vollständigen Sicherung von Treibstoff fällt auf, dass sowohl die Ausfallwahrscheinlichkeit, als auch das entsprechende Rating vermeintlich ansteigen. Dies hat jedoch einen simulationsbedingten Hintergrund, als dass selbst bei 20.000 Simulationsschritten nicht genügend Ausreißer am unteren Ende der Verteilung vorhanden sind, da die verbleibende Wechselkursvolatilität des US Dollars in Höhe von 9,22% diese nicht generiert. Grundsätzlich besteht dieses Problem bei diskreten Verteilungen und könnte im stetigen Fall eleganter gelöst werden, was jedoch bei der Prozesswahl nicht möglich ist, da die Verteilungsfunktion, die aus der Kombination von zwei lognormalen Verteilungen resultiert nicht analytisch ermittelbar ist[58].

[58] Vgl. hierzu u.a. Dufresne (2004).

HR USD	Hedge Ratio Öl 0%	10%	20%	30%	40%	50%	60%	70%	80%	90%	100%
0%	BB-	BB-	BB	BB	BB	BB+	BBB	BBB+	AA	A+	BBB+
10%	BB-	BB-	BB	BB	BB+	BB+	BBB	A	AA	AA	A+
20%	BB-	BB-	BB-	BB	BB+	BB+	BBB	A	AA	AA	AA
30%	BB-	BB-	BB-	BB	BB+	BB+	BBB	A	AA	AA	AA
40%	BB-	BB-	BB-	BB	BB+	BBB-	BBB	A	AA	AA	AA
50%	BB-	BB-	BB-	BB	BB+	BBB-	BBB	A+	AA	AA	AA
60%	BB-	BB-	BB-	BB	BB+	BBB-	BBB	A+	AA	AA	AA
70%	BB-	BB-	BB-	BB	BB+	BBB-	BBB	A+	AA	AA	AA
80%	BB-	BB-	BB-	BB	BB+	BBB-	BBB+	A+	AA	AA	AA
90%	BB-	BB-	BB-	BB	BB+	BBB-	BBB+	A+	AA	AA	AA
100%	BB-	BB-	BB-	BB	BB+	BBB-	BBB+	AA	AA	AA	AA

Tabelle 5.9: Rating nach Hedge Ratio

Tabelle 5.10 zeigt die entsprechenden impliziten Risikoprämien auf den risikolosen Zins vor Steuern, ausgedrückt in Basispunkten. Ähnlich wie Eom, Helwege & Huang (2004), die bei einer praxisnahen Kalibrierung des Modells von Leland & Toft (1996) enorme Risikoprämien beobachtet haben, gibt das Modell von Goldstein, Ju & Leland (2001) sehr hohe Prämien bei höheren Volatilitätsregimes aus. Jedoch muss festgehalten werden, dass im Fall der Optimierung der Kapitalstruktur bei einer Volatilität von 42,9% ein optimaler Verschuldungsgrad von 71,79% vorgeschlagen wird, was ein aus praktischer Sicht enormes Risiko impliziert. Hierdurch lässt sich auch ein überhöhter Risikoaufschlag erklären. Insgesamt lässt sich jedoch festhalten, dass die Risikoprämie bei voller Sicherung der Risikopositionen um rund 80% reduziert werden kann, obwohl der Verschuldungsgrad steigt. Die sich in diesem Zusammenhang stellende Frage ist, welche Auswirkungen Hedging parallel auf die Insolvenzkosten hat. Der Illustration halber werden diese als Anteil am Unternehmenswert in Tabelle 5.11 ausgewiesen. Der ursprüngliche Insolvenzkostenparameter bezieht sich auf den Unternehmenswert bei Eintreten der Insolvenz, wohingegen er jetzt dem wahrscheinlichkeitsgewichteten Barwert der Insolvenzkosten entspricht und dementsprechend vom ursprünglichen Wert abweicht. Die Spannweite beträgt zwischen 2,39 und 1,64% was impliziert, dass trotz Ausweitung der Verschuldungsquote die Risikoprämien sowie die Insolvenzkosten sinken. Dies ist der quantifizierbare Nachweis, dass Hedging sowohl die Kapitalkosten reduziert, als auch einen Wertbeitrag für die Lufthansa liefert.

5.1.2 Auswirkungen von Hedging bei fixem Coupon

Nachdem der Fall unterschiedlicher Hedge Ratios für den Fall der optimalen Kapitalstruktur untersucht wurde, soll nun entsprechend ein Vergleich über die Wertbeiträge und Kreditqualität der Lufthansa bei der bestehenden Kapitalstruktur

		Hedge Ratio Öl										
		0%	10%	20%	30%	40%	50%	60%	70%	80%	90%	100%
HR USD	0%	997,2	867,8	750,5	645,3	552,2	471,4	403,5	349,1	309,5	286,3	281,0
	10%	1.004,3	873,0	753,6	646,2	550,8	467,5	396,7	339,1	295,9	269,0	260,1
	20%	1.011,9	878,4	756,8	647,2	549,4	463,6	390,1	329,6	283,2	252,8	240,8
	30%	1.019,9	884,0	760,1	648,2	548,1	459,9	383,9	320,6	271,2	237,8	223,0
	40%	1.028,4	889,9	763,5	649,1	546,7	456,2	377,9	312,1	260,1	224,0	207,0
	50%	1.037,3	895,9	766,9	650,1	545,4	452,7	372,1	304,2	249,9	211,5	192,8
	60%	1.046,6	902,2	770,4	651,1	544,1	449,2	366,7	296,8	240,6	200,5	180,7
	70%	1.056,3	908,7	774,0	652,1	542,7	445,9	361,5	289,9	232,2	190,9	170,8
	80%	1.066,5	915,4	777,7	653,1	541,5	442,6	356,6	283,6	224,9	183,0	163,5
	90%	1.077,1	922,4	781,4	654,1	540,2	439,5	351,9	277,9	218,6	176,9	159,0
	100%	1.088,1	929,5	785,3	655,1	538,9	436,4	347,6	272,8	213,4	172,7	157,5

Tabelle 5.10: Kreditrisikoprämie in Basispunkten

		Hedge Ratio Öl										
		0%	10%	20%	30%	40%	50%	60%	70%	80%	90%	100%
HR USD	0%	2,39%	2,36%	2,32%	2,27%	2,22%	2,16%	2,10%	2,03%	1,98%	1,95%	1,94%
	10%	2,40%	2,36%	2,32%	2,27%	2,21%	2,15%	2,09%	2,02%	1,96%	1,92%	1,90%
	20%	2,40%	2,36%	2,32%	2,27%	2,21%	2,15%	2,08%	2,01%	1,94%	1,89%	1,86%
	30%	2,40%	2,36%	2,32%	2,27%	2,21%	2,15%	2,07%	2,00%	1,92%	1,86%	1,82%
	40%	2,40%	2,36%	2,32%	2,27%	2,21%	2,14%	2,07%	1,98%	1,90%	1,83%	1,79%
	50%	2,40%	2,37%	2,32%	2,27%	2,21%	2,14%	2,06%	1,97%	1,88%	1,80%	1,75%
	60%	2,41%	2,37%	2,32%	2,27%	2,21%	2,14%	2,06%	1,96%	1,86%	1,77%	1,72%
	70%	2,41%	2,37%	2,32%	2,27%	2,21%	2,14%	2,05%	1,95%	1,84%	1,75%	1,69%
	80%	2,41%	2,37%	2,33%	2,27%	2,21%	2,13%	2,04%	1,94%	1,83%	1,72%	1,66%
	90%	2,41%	2,37%	2,33%	2,27%	2,21%	2,13%	2,04%	1,93%	1,81%	1,71%	1,65%
	100%	2,41%	2,38%	2,33%	2,27%	2,21%	2,13%	2,03%	1,92%	1,80%	1,69%	1,64%

Tabelle 5.11: Insolvenzkosten als Anteil am Unternehmenswert

analysiert werden. Da im Falle der Maximierung des Unternehmenswertes eine Balance aus Insolvenzkosten und Steuervorteilen aus Fremdkapital über den optimalen Coupon hergestellt wird, und die korrespondierenden Werte jeweils Maxima darstellen, hat eine fixe Kapitalstruktur den Vorteil, dass der Effekt des höheren Leverage isoliert betrachtet werden kann. Denn dadurch, dass sich die Volatilität bei einem fixen Coupon verringert, bedeutet dies, dass der Fremdkapitaltitel mehr wert ist, bzw. im Umkehrschluss, dass man bei einem fixen Fremdkapitalwert weniger Zins bezahlt. Die Insolvenzkosten bleiben entsprechend stabil, sodass lediglich der Werteffekt des Steuervorteils einer höheren Verschuldung sichtbar wird.

5.1.2.1 Wertbeiträge

Die nachfolgenden Tabellen orientieren sich an den gebuchten Zinszahlungen der Lufthansa in der Gewinn und Verlustrechnung 2008[59] in Höhe von 374 Mio. EUR. Die Summe aus Eigen- und Fremdkapital beträgt daraus zwischen 12,9 und 13,7 Milliarden, was also einen Zugewinn von 6% zwischen dem Verzicht auf Hedging und der Vollabsicherung gegen Treibstoffpreise und Wechselkurse entspricht. Der tatsächliche Unternehmenswert der Lufthansa als Summe aus dem Marktwert des Eigenkapitals und des Nennwertes des Fremdkapitals beträgt 8,8 Mrd[60], was zwar zwischen rund 32 und 35% niedriger ist, als vom Modell ausgewiesen, jedoch mit der durch die Wirtschaftskrise verschlechterten Marktlage erklärbar ist. Zum Jahresende 2007 lag der Marktwert noch bei 11,7 Mrd. bei einer Zinslast von 371 Mio. EUR, was dem Modell gegenüber lediglich einer Abweichung zwischen 9 und 12% entspricht und somit durchaus im realistischen Rahmen liegt. Tabelle 5.12 zeigt die Unternehmenswerte in Abhängigkeit des Hedge Regimes. Der vom Modell ausgewiesene Fremdkapital(markt-)wert schwankt zwischen 4 und 7 Mrd. EUR, wie

[59]Vgl. Lufthansa (2008), S. 129.
[60]Quelle: Thomson Financial Datastream, Unternehmensinformationen, Stand 31.12.2008.

aus Tabelle 5.13 hervorgeht. Der Buchwert in Höhe von 3,6 Mrd. ist jedoch nicht vergleichbar, da ein Buchwert immer nur den Nennwert eines Fremdkapitaltitels ausweist und nicht den Barwert der zukünftigen Zahlungen aus dem Titel, deren Wert entsprechend von der Coupon Höhe und dem Diskontfaktor abhängt. Jedoch ist bemerkenswert, dass der Wert des Fremdkapitals bei konstantem Coupon um rund 75% steigt. Diese Steigerung ist enorm und ist darauf zurückzuführen, dass die Couponzahlung trotz gesunkenem Risiko relativ kleiner wird, jedoch im Vergleich zum Optimierungsfall noch zusätzlicher Wert über eine Ausweitung des Coupons, also eine weitere Erhöhung des Verschuldungsgrades möglich wäre.

Für einen besseren relativen Vergleich wird der Verschuldungsgrad analog Tabelle 5.14 betrachtet. Hierbei stellt man fest, dass für den Fall des von der Lufthansa realisierten Sicherungsgrades von 26% Wechselkurshedging und 81-83% Rohstoffpreishedging[61] ein Verschuldungsgrad zwischen 46 und 48% berechnet wird, was den tatsächlichen Verschuldungsgrad der Lufthansa in Höhe von 50%[62] recht genau trifft.

Die durch das Modell ermittelte endogene Ausfallschwelle als EBIT Größe liegt zwischen 128 und 374 Mio. EUR, was die Systematik der Endogenität noch einmal verdeutlicht: Eigenkapitalgeber sind bereit bei 42% Volatilität der EBIT Rendite und einer Couponforderung von 374 Mio. EUR, den Differenzbetrag von bis zu 246 Mio. EUR zu übernehmen, weil sie auf Grund der Volatilität einen positiven Marktwert ihrer Position annehmen, auch wenn das Unternehmen eigentlich als zahlungsunfähig einzustufen wäre, weil die tatsächliche Couponleistung 374 Mio. EUR beträgt.

[61] 81% Sicherungsgrad werden im Geschäftsbericht 2007 für den Bedarf von 2008 ausgewiesen, wobei Lufthansa im Interview in der NY Times am 12.06.2008 einen Sicherungsgrad von 83% angibt, was an einer konkreteren Abschätzung des Kerosinbedarfs für das Geschäftsjahr 2008 liegt, auf Grund der gesammelten Datenpunkte im ersten Halbjahr des Geschäftsjahres.

[62] Vgl. Lufthansa (2008), S. 41.

		Hedge Ratio Öl										
		0%	10%	20%	30%	40%	50%	60%	70%	80%	90%	100%
HR USD	0%	12.945	13.002	13.063	13.128	13.195	13.265	13.334	13.398	13.451	13.485	13.494
	10%	12.942	12.999	13.061	13.127	13.197	13.269	13.341	13.411	13.471	13.513	13.527
	20%	12.939	12.997	13.059	13.126	13.198	13.272	13.349	13.423	13.490	13.540	13.561
	30%	12.935	12.994	13.058	13.126	13.199	13.276	13.356	13.436	13.509	13.567	13.594
	40%	12.932	12.991	13.056	13.125	13.200	13.279	13.363	13.447	13.528	13.592	13.626
	50%	12.929	12.989	13.054	13.125	13.201	13.283	13.370	13.459	13.545	13.617	13.657
	60%	12.925	12.986	13.052	13.124	13.202	13.286	13.376	13.470	13.562	13.640	13.684
	70%	12.921	12.983	13.050	13.123	13.203	13.290	13.382	13.480	13.577	13.661	13.707
	80%	12.917	12.980	13.048	13.123	13.204	13.293	13.388	13.490	13.591	13.679	13.725
	90%	12.913	12.977	13.046	13.122	13.205	13.296	13.394	13.498	13.603	13.693	13.737
	100%	12.909	12.973	13.044	13.121	13.206	13.299	13.400	13.507	13.613	13.703	13.741

Tabelle 5.12: Unternehmenswert nach Hedge Ratio bei fixem Coupon

		Hedge Ratio Öl										
		0%	10%	20%	30%	40%	50%	60%	70%	80%	90%	100%
HR USD	0%	4.042	4.302	4.575	4.857	5.146	5.433	5.708	5.954	6.151	6.274	6.303
	10%	4.029	4.291	4.567	4.855	5.151	5.448	5.737	6.002	6.222	6.370	6.421
	20%	4.015	4.279	4.559	4.852	5.155	5.463	5.766	6.049	6.292	6.464	6.536
	30%	4.001	4.267	4.551	4.849	5.160	5.477	5.794	6.094	6.358	6.554	6.645
	40%	3.985	4.255	4.542	4.846	5.164	5.492	5.821	6.138	6.421	6.639	6.748
	50%	3.969	4.242	4.534	4.844	5.169	5.506	5.847	6.179	6.481	6.719	6.843
	60%	3.953	4.229	4.525	4.841	5.173	5.519	5.872	6.218	6.537	6.791	6.926
	70%	3.936	4.216	4.517	4.838	5.178	5.533	5.896	6.255	6.588	6.856	6.996
	80%	3.918	4.202	4.508	4.835	5.182	5.546	5.919	6.289	6.634	6.910	7.049
	90%	3.900	4.188	4.499	4.832	5.186	5.558	5.940	6.320	6.673	6.953	7.082
	100%	3.881	4.173	4.490	4.829	5.191	5.570	5.961	6.349	6.707	6.983	7.093

Tabelle 5.13: Fremdkapitalwert bei fixem Coupon

		Hedge Ratio Öl										
		0%	10%	20%	30%	40%	50%	60%	70%	80%	90%	100%
HR USD	0%	31,23%	33,09%	35,02%	37,00%	39,00%	40,96%	42,81%	44,44%	45,73%	46,53%	46,71%
	10%	31,13%	33,01%	34,96%	36,98%	39,03%	41,06%	43,00%	44,76%	46,19%	47,14%	47,47%
	20%	31,03%	32,93%	34,91%	36,96%	39,06%	41,16%	43,19%	45,06%	46,64%	47,74%	48,19%
	30%	30,93%	32,84%	34,85%	36,94%	39,09%	41,26%	43,38%	45,36%	47,06%	48,31%	48,88%
	40%	30,82%	32,75%	34,79%	36,92%	39,12%	41,36%	43,56%	45,64%	47,47%	48,84%	49,52%
	50%	30,70%	32,66%	34,73%	36,90%	39,16%	41,45%	43,73%	45,91%	47,85%	49,34%	50,11%
	60%	30,58%	32,57%	34,67%	36,88%	39,19%	41,54%	43,90%	46,16%	48,20%	49,79%	50,62%
	70%	30,46%	32,47%	34,61%	36,86%	39,22%	41,63%	44,06%	46,40%	48,52%	50,18%	51,04%
	80%	30,33%	32,37%	34,55%	36,84%	39,25%	41,72%	44,21%	46,62%	48,81%	50,52%	51,35%
	90%	30,20%	32,27%	34,48%	36,82%	39,28%	41,80%	44,35%	46,82%	49,06%	50,78%	51,55%
	100%	30,06%	32,17%	34,42%	36,80%	39,31%	41,89%	44,49%	47,01%	49,27%	50,96%	51,62%

Tabelle 5.14: Verschuldungsgrad bei fixem Coupon

		Hedge Ratio Öl										
		0%	10%	20%	30%	40%	50%	60%	70%	80%	90%	100%
HR USD	0%	127,9	142,0	157,8	175,4	194,7	215,4	236,6	257,1	274,5	285,8	288,6
	10%	127,2	141,4	157,4	175,3	195,1	216,5	239,0	261,3	281,0	295,0	299,9
	20%	126,4	140,7	156,9	175,1	195,4	217,6	241,3	265,3	287,5	304,2	311,4
	30%	125,7	140,0	156,4	174,9	195,7	218,7	243,6	269,3	293,8	313,2	322,7
	40%	124,9	139,4	155,9	174,7	196,0	219,8	245,8	273,2	300,0	322,1	333,8
	50%	124,0	138,6	155,4	174,5	196,3	220,9	248,0	277,0	305,9	330,6	344,3
	60%	123,2	137,9	154,9	174,4	196,6	221,9	250,1	280,6	311,5	338,6	353,9
	70%	122,3	137,2	154,4	174,2	196,9	222,9	252,1	284,0	316,8	345,8	362,1
	80%	121,4	136,4	153,8	174,0	197,2	223,9	254,1	287,2	321,5	352,0	368,5
	90%	120,5	135,7	153,3	173,8	197,5	224,9	255,9	290,2	325,7	357,0	372,6
	100%	119,5	134,9	152,8	173,6	197,9	225,8	257,7	292,9	329,3	360,6	374,0

Tabelle 5.15: Endogene Ausfallschwelle als EBIT Größe bei fixem Coupon

5.1.2.2 Kreditqualität

Auf der Seite der Kreditqualität lässt sich die Wahrscheinlichkeit, dass die Ausfallschwelle mit den gegebenen Parametern erreicht wird in Tabelle 5.16 ablesen. Im Gegensatz zum Fall der optimalen Kapitalstruktur sind die Ausfallwahrscheinlichkeiten auf Grund der insgesamt geringeren Risikoexposition durch den kleineren Coupon entsprechend kleiner. Ab einem Sicherungsgrad für Treibstoff von 50% beträgt die Ausfallwahrscheinlichkeit für ein Jahr nunmehr 0% und die Anlage wird entsprechend risikofrei für diesen Zeitraum. Die Auswirkungen auf das Rating des Unternehmens sind entsprechend, sodass ab 50% Sicherungsgrad für Treibstoff das Rating die Klassen AA+ bis AAA abdeckt. Wie bereits angesprochen besteht die Schwierigkeit darin, die Wahrscheinlichkeit für ein Quantil aus einer simulierten diskreten Verteilung zu bestimmen, jedoch zeigt sich die Problematik eher darin, dass die Grundannahme für das Modell von Goldstein, Ju & Leland (2001) eine lognormale Verteilung für das Unternehmens EBIT unterstellt. Da die Untersuchung jedoch eine realistische Verteilungsart anstrebt, wird dieser Punkt nachrangig behandelt, zumal die sonstigen Wertermittlungen durchaus anwendbar sind und der Realität entsprechen.

Die endogen ermittelten Risikoprämien auf den Fremdkapitaltitel der Lufthansa entnimmt man Tabelle 5.18. Der tatsächliche Aufschlag für die Lufthansa beträgt 120 Basispunkte[63] und wird vom Modell auch valide vorhergesagt, da er für die Sicherungskombination 26% Wechselkurs und 81-83% Treibstoff zwischen 134 und 110 Basispunkten liegt. Insgesamt zeigt sich eine Reduzierung durch Hedging in Höhe von 398 Basispunkten, beziehungsweise 85,6%. Die Spannweite der Risikoaufschläge liegt zwischen 500 und 67 Basispunkten, also in einem aus prakti-

[63]Vgl. Lufthansa (2008), S. 41.

scher Sicht nachvollziehbaren Maß, entsprechend der Analyse von Eom, Helwege & Huang (2004), die in ihrer Untersuchung in den USA zwischen 1986 und 1997 eine Spannweite zwischen 22,13 und 555,6 Basispunkten mit einem Mittelwert von 93,53 Basispunkten beobachten.

In Bezug auf die enorme Wertsteigerung des Fremdkapitaltitels lässt sich das Ergebnis aus der Sichtweise eines fixen Coupons und einem variablen Fremdkaptalwert und aus Sichtweise variabler Couponzahlungen bei einem fixen Fremdkapitalwert ökonomisch interpretieren. Bei einem fixen Coupon steigt der Wert des Fremdkapitals signifikant an, weil das mit dieser Couponzahlung verbundene Risiko reduziert wird. Umgekehrt sinkt bei fixem Fremdkapitalwert der zu zahlende Risikoaufschlag und somit der relative Coupon, was für den Fremdkapitalgeber entsprechend in beiden Fällen einen Wertbeitrag bedeutet - wertseitig bzw. zahlungsseitig. Die Sichtweise ist jedoch äquivalent, da man von einem konstanten risikofreien Zinssatz ausgeht. Es lässt sich somit festhalten, dass Hedging bei gegebener Kapitalstruktur signifikante Werteffekte für den Fremdkapitalgeber generieren kann.

Die Insolvenzkosten als Anteil am Unternehmenswert bleiben bei einem fixem Coupon relativ konstant, wie Tabelle 5.19 deutlich macht. Sie schwanken zwar zwischen 0,47 und 0,59%, sind jedoch erwartungsgemäß kleiner als im Fall der Optimierung. Die "Fixierung" der Insolvenzkosten durch einen konstanten Coupon war dementsprechend notwendig um die maximale Wertausdehnung des Fremdkapitaltitels identifizieren zu können, gegeben einer bereits festgelegten Kapitalstruktur.

5.2 Empirische Kurzanalyse

Nachdem nun eine modelltheoretische Analyse der Auswirkungen von Corporate Financial Hedging durchgeführt wurde, soll nun im Anschluss ein kurzer Blick auf

HR USD	Hedge Ratio Öl 0%	10%	20%	30%	40%	50%	60%	70%	80%	90%	100%
0%	0,75%	0,55%	0,40%	0,30%	0,15%	0,10%	0,00%	0,00%	0,00%	0,00%	0,00%
10%	0,75%	0,60%	0,40%	0,30%	0,15%	0,10%	0,00%	0,00%	0,00%	0,00%	0,00%
20%	0,80%	0,60%	0,40%	0,30%	0,15%	0,10%	0,00%	0,00%	0,00%	0,00%	0,00%
30%	0,80%	0,60%	0,45%	0,30%	0,15%	0,10%	0,00%	0,00%	0,00%	0,00%	0,00%
40%	0,80%	0,60%	0,45%	0,30%	0,15%	0,05%	0,00%	0,00%	0,00%	0,00%	0,00%
50%	0,80%	0,60%	0,45%	0,30%	0,15%	0,05%	0,00%	0,00%	0,00%	0,00%	0,00%
60%	0,85%	0,60%	0,45%	0,30%	0,15%	0,05%	0,00%	0,00%	0,00%	0,00%	0,00%
70%	0,85%	0,65%	0,45%	0,30%	0,15%	0,05%	0,00%	0,00%	0,00%	0,00%	0,00%
80%	0,85%	0,65%	0,45%	0,30%	0,15%	0,05%	0,00%	0,00%	0,00%	0,00%	0,00%
90%	0,85%	0,65%	0,45%	0,30%	0,15%	0,05%	0,00%	0,00%	0,00%	0,00%	0,00%
100%	0,90%	0,70%	0,45%	0,30%	0,15%	0,05%	0,00%	0,00%	0,00%	0,00%	0,00%

Tabelle 5.16: Endogene Ausfallschwelle als Ausfallwahrscheinlichkeit

		Hedge Ratio Öl										
		0%	10%	20%	30%	40%	50%	60%	70%	80%	90%	100%
HR USD	0%	BB+	BB+	BBB-	BBB	BBB+	A	AA	AA	AA	AA	AA
	10%	BB+	BB+	BBB-	BBB	BBB+	A	AA	AA	AA	AA	AA
	20%	BB+	BB+	BBB-	BBB	BBB+	A	AA	AA	AA	AA	AA
	30%	BB+	BB+	BBB-	BBB	BBB+	A	AA	AA	AA	AA	AA
	40%	BB+	BB+	BBB-	BBB	BBB+	A+	AA	AA	AA	AA	AA
	50%	BB+	BB+	BBB-	BBB	BBB+	A+	AA	AA	AA	AA	AA
	60%	BB	BB+	BBB-	BBB	BBB+	A+	AA	AA	AA	AA	AA
	70%	BB	BB+	BBB-	BBB	BBB+	A+	AA	AA	AA	AA	AA
	80%	BB	BB+	BBB-	BBB	BBB+	A+	AA	AA	AA	AA	AA
	90%	BB	BB+	BBB-	BBB	BBB+	A+	AA	AA	AA	AA	AA
	100%	BB	BB+	BBB-	BBB	BBB+	A+	AA	AA	AA	AA	AA

Tabelle 5.17: Rating nach Hedge Ratio

		Hedge Ratio Öl										
		0%	10%	20%	30%	40%	50%	60%	70%	80%	90%	100%
HR USD	0%	465	409	357	310	267	228	195	168	148	136	133
	10%	468	411	359	310	266	226	192	163	141	127	122
	20%	471	414	360	311	265	224	188	158	134	118	112
	30%	475	416	362	311	265	223	185	153	128	110	103
	40%	478	419	363	312	264	221	182	149	122	103	94
	50%	482	421	365	312	263	219	179	145	117	96	86
	60%	486	424	366	312	263	217	177	141	112	91	80
	70%	490	427	368	313	262	216	174	138	108	85	74
	80%	494	430	369	313	262	214	172	134	104	81	70
	90%	499	433	371	314	261	213	169	132	100	78	68
	100%	503	436	373	314	260	211	167	129	97	75	67

Tabelle 5.18: Kreditrisikoprämie in Basispunkten

		Hedge Ratio Öl										
		0%	10%	20%	30%	40%	50%	60%	70%	80%	90%	100%
HR USD	0%	0,49%	0,51%	0,54%	0,56%	0,57%	0,59%	0,59%	0,59%	0,59%	0,58%	0,58%
	10%	0,48%	0,51%	0,53%	0,56%	0,57%	0,59%	0,59%	0,59%	0,58%	0,57%	0,57%
	20%	0,48%	0,51%	0,53%	0,56%	0,58%	0,59%	0,59%	0,59%	0,58%	0,57%	0,56%
	30%	0,48%	0,51%	0,53%	0,56%	0,58%	0,59%	0,59%	0,59%	0,58%	0,56%	0,55%
	40%	0,48%	0,51%	0,53%	0,56%	0,58%	0,59%	0,59%	0,59%	0,57%	0,55%	0,54%
	50%	0,48%	0,51%	0,53%	0,56%	0,58%	0,59%	0,59%	0,59%	0,57%	0,54%	0,52%
	60%	0,48%	0,50%	0,53%	0,56%	0,58%	0,59%	0,59%	0,58%	0,56%	0,53%	0,51%
	70%	0,47%	0,50%	0,53%	0,56%	0,58%	0,59%	0,59%	0,58%	0,56%	0,52%	0,50%
	80%	0,47%	0,50%	0,53%	0,56%	0,58%	0,59%	0,59%	0,58%	0,55%	0,51%	0,49%
	90%	0,47%	0,50%	0,53%	0,56%	0,58%	0,59%	0,59%	0,58%	0,55%	0,50%	0,48%
	100%	0,47%	0,50%	0,53%	0,56%	0,58%	0,59%	0,59%	0,58%	0,54%	0,50%	0,48%

Tabelle 5.19: Insolvenzkosten als Anteil am Unternehmenswert

die Kapitalmärkte geworfen werden, um indikativ Evidenz dafür zu sammeln, dass Hedging auf Fremdkapitalmärkten honoriert wird und die vorliegenden empirischen Studien aus diesem Grunde Hedging nicht ausreichend in ihre Wertermittlungen einfließen lassen.

Wie bereits zu Anfang dieser Arbeit motiviert, kann ein Unternehmen nicht am Aktienmarkt für Hedging belohnt werden, wenn die Risikoexposition des Unternehmens so transparent ist, dass die Investoren selbst hedgen könnten, wie im Bereich der Rohstoffproduzenten durch Tufano (1998) und Jin & Jorion (2007) gezeigt werden konnte. Für die Fremdkapitalgeber müsste es zusätzlich ungleich wichtiger sein, wenn ein Unternehmen die Wahrscheinlichkeit einer Insolvenz und die damit verbundenen direkten und indirekten Kosten durch Hedging verringern kann, da sich für diese die Exposition gegenüber dem Kreditrisiko verringert. Wie bereits in Kapitel 3 dargelegt, wird Kreditrisiko über Kreditrisikoprämien abgebildet. Es konnte nun gezeigt werden, dass Hedging, auf Grund seiner Eigenschaft die Volatilität eines Unternehmens reduzieren zu können, ebenfalls diese Prämien zu reduzieren vermag, das Kreditrisiko also einzudämmen. Somit müsste man ebenfalls am Kapitalmarkt eine Verringerung des Kreditrisikos bei hedgenden Unternehmen beobachten.

Die Schwierigkeit diese Prämien direkt am Kapitalmarkt zu beobachten, liegt jedoch darin, dass auf der einen Seite jedes Unternehmen eine individuelle Struktur der Fremdkapitaltitel aufweist, was Nennwert und Laufzeit betrifft und die individuellen Risikoprämien nicht immer offengelegt werden, sodass eine klare Beobachtung nicht möglich ist, sondern nur induktiv hergeleitet werden kann. Duffie (1999) vergleicht hierbei die Preise von Unternehmensanleihen mit risikolosen Anleihen mit ähnlichen Laufzeiten und schließt daraus die Kreditrisikoprämie. Blanco, Brennan & Marsh (2005) zeigen in ihrer Studie, dass zwischen Prämien für Credit

Default Swaps (CDS) und auf diese Weise hergeleiteten Kreditrisikoprämien eine paritätische Beziehung besteht und CDS Spreads folglich sehr gute Proxies für Kreditrisiko sind. Der weitere Vorteil in der Bemessung von Kreditrisiko über CDS Spreads liegt in der starken Liquidität dieser Titel und somit sehr guten Datenverfügbarkeit, falls ein Unternehmen am Kapitalmarkt aktiv ist. CDS sind derivative Finanzinstrumente, die einem Investor die Möglichkeit bieten, gegen Zahlung einer Prämie, dem erwähnten CDS Spread, das ihrer gekauften Anleihe immanente Kreditrisiko an eine Gegenpartei zu verkaufen. Im Falle eines Ausfalls der Anleihe erhält der Investor die Differenz aus Rückgewinnungsrate und Nennwert der Anleihe. Die auf einen CDS zu zahlende Prämie wird in Basispunkten angegeben.

Wie im Rahmen der vorliegenden Arbeit gezeigt werden konnte, reduziert Hedging die Wahrscheinlichkeit einer Insolvenz, durch Reduktion der Risikoprämien, bzw. sinkenden Insolvenzkosten bei moderater Ausweitung der Verschuldung im Fall der optimalen Kapitalstruktur, bzw. nahezu konstanten Insolvenzkosten bei stark steigender Verschuldung.

Wenn man diese Hypothesen testen wollte, so müsste man für Unternehmen innerhalb einer Industrie bei steigendem Hedge Ratio niedrigere und weniger volatile Kreditrisikoprämien beobachten, um die fremdkapitalseitige Wertkomponente nachzuweisen. Theoretisch ließe sich diese Analyse durchführen, indem man für alle europäischen Luftfahrtgesellschaften CDS Spreads ermittelt und unter Berücksichtigung der notwendigen Kontrollvariablen, wie Größe, Verschuldungsgrad etc. in Verbindung mit Hedging bringt. Jedoch besteht die Problematik, dass von allen europäischen Luftfahrtgesellschaften lediglich für vier Unternehmen CDS Spreads verfügbar sind, namentlich Lufthansa, Air France KLM, British Airways und SAS[64]. Für die europäische Luftfahrtindustrie lässt sich somit lediglich eine

[64]Vgl. hierzu die Zusammenfassung der Datenverfügbarkeit für die größten europäischen Airlines

begrenzte Evidenz aufzeigen, da die Zahl der Datenpunkte für eine signifikante multivariate Regression nicht ausreicht. Für andere Branchen, wie zum Beispiel die Automobilindustrie, wäre eine solche Analyse auf Grund der Datenverfügbarkeit unter Umständen eher machbar, und könnte in Verbindung mit der Arbeit von Niebergall (2007) weitere Erkenntnisse liefern, jedoch ist auf Grund der andersartigen Risikoexpositionen in diesem Bereich der inhaltliche Mehrwert für die vorliegende Dissertationsschrift mit dem Fokus auf die Luftfahrtindustrie nachrangig.

Tabelle 5.2 zeigt die Ergebnisse der CDS Analyse für die vier europäischen Airlines. Obwohl für die vorangegangenen Analysen das Geschäftjahr 2008 betrachtet wurde, wird für die hier vorgestellte Analyse das Geschäftsjahr 2007 untersucht, da auf Grund der Finanzkrise im Jahr 2008 eine signifikante Liquiditätsreduktion auf den Märkten für Kreditderivate stattgefunden hat die Aussagen über Preisänderungen demnach verfälscht würden. Die Hedge Ratios bleiben für die Airlines im Zeitablauf konstant, wie Kvello & Stenvik (2009) in ihrer Arbeit zeigen, somit ist keine Verfälschung durch die Jahresänderung zu erwarten. Gleichzeitig impliziert diese Beobachtung, dass sowohl Eventstudien, als auch Zeitreihenanalysen für Hedging und CDS Spreads möglicherweise in der Luftfahrtindustrie nicht durchführbar sind.

in Anhang A.2. Die CDS Spreads beziehen sich auf 5-jährige Anleihen, da sie die höchste Liquidität aufweisen, wie Hahnenstein & Röder (2007) zeigen.

Die folgende Tabelle zeigt für die untersuchen Luftfahrtgesellschaften die Spannweite der CDS Spreads mit Minimum, Mittelwert und Maximum in Basispunkten sowie die annualisierte Volatilität der prozentualen Änderungen auf Tagesbasis für 2007 (σ_{CDS}), die Bilanzsumme in Mio. EUR, den Verschuldungsgrad und die angegebene Hedge Ratio für Treibstoff.

	Lufthansa	Air France KLM	British Airways	SAS
CDS Min (bp)	31,20	37,90	61,40	112,00
CDS Mittelw. (bp)	47,06	55,38	103,84	190,14
CDS Max (bp)	84,10	92,00	196,70	337,80
σ_{CDS}	68,8%	64,0%	80,5%	69,7%
Bilanzsumme	22.301	30.661	14.056	5.107
Verschuldungsgrad	50%	60%	54%	51%
HR Treibstoff	83%	78%	66%	42%

Quelle: Thomson Reuters Datastream

Die Luftfahrtgesellschaften weisen absteigend ein wachsendes Kreditrisiko auf, wobei die SAS die größten Risikoaufschläge innehat und die geringste Hedge Ratio. Bereits die absolute Betrachtung der Prämien legt nahe, dass Fremdkapitalgeber Hedging würdigen und somit ein Wertbeitrag durch Hedging vorhanden ist. Nicht zu unterschätzen ist jedoch der Größeneffekt, da zwar die Hedge Ratios kleiner werden, die korrespondierende Bilanzsumme jedoch auch. Mit einer größeren Stichprobe ließe sich entsprechend eine Regression berechnen, bei denen CDS Spreads durch Hedge Ratios erklärt würden bei gleichzeitiger Kontrolle für Größe, Verschuldung etc., wie bereits in den empirischen Studien im Hedging Bereich auf der Eigenkapitalseite geschehen. Somit könnte man auch aus empirischer Sicht die Reaktionen der Fremdkapitalgeber in Bezug auf Hedging analysieren und die vorherrschende Betrachtungslücke schließen.

5.3 Fazit

In diesem Kapitel wurden die Simulationsergebnisse in das Kapitalstrukturmodell von Goldstein, Ju & Leland (2001) implementiert und sowohl unter Maximierungsbedingungen, als auch bei fixer Kapitalstruktur analysiert. Es konnte gezeigt werden, dass Hedging sowohl bei gemeinsamer Optimierung von Insolvenzkosten und Coupon, als auch bei fixer Kapitalstruktur einen signifikanten Wertbeitrag zum Fremdkapitaltitel leistet. Abbildungen 5.2 und 5.3 verdeutlichen dies noch einmal in einer Gesamtbetrachtung der Verteilungen der einzelnen Gläubiger. Diese Grafiken stellen jeweils die Ortslinien der Grafik 3.3 in Kapitel 3 dar.

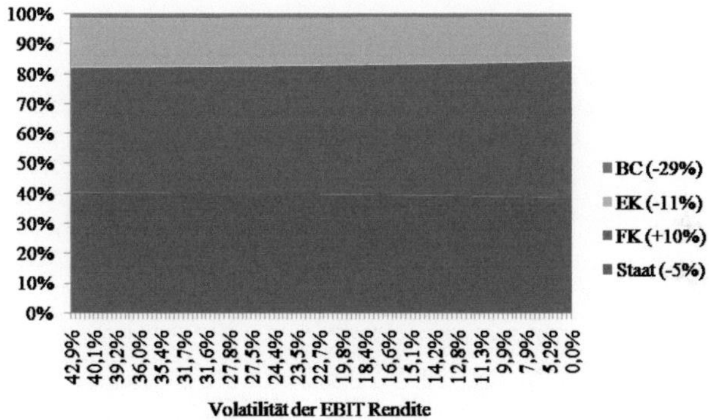

Abbildung 5.2: Gesamtüberblick Hedging und Wertentwicklung bei Optimalität

Der Gesamtunternehmenswert aus Eigen- und Fremdkapital steigt im Optimalfall um rund 4% und im Fall einer fixen (suboptimalen) Kapitalstruktur um 6%[65] an, wobei der absolute Unterschied zwischen dem Optimierungsfall und dem fixen Fall für ein ungehedgetes Unternehmen 700 Mio. EUR und für den Fall des

[65]Vgl. hierzu Tabellen 5.3 und 5.12.

voll gehedgeten Unternehmens 445 Mio. EUR beträgt, was als Absolutgröße einen ökonomisch signifikanten Wertbeitrag darstellt.

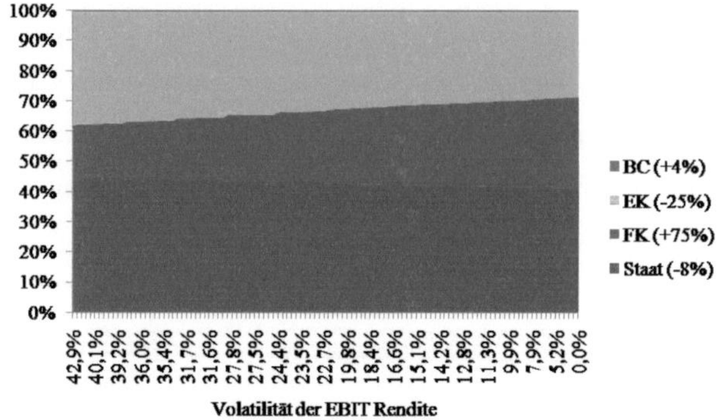

Abbildung 5.3: Gesamtüberblick Hedging und Wertentwicklung bei fixem Coupon

Wie den beiden Abbildungen zu entnehmen ist, geschieht auf Grund der Reduktion der Volatilität eine vermeintliche Verschiebung der Wohlfahrt von Eigen- zu Fremdkapitalgebern, jedoch sollte festgehalten werden, dass jedes Volatilitätsregime ein isolierter Zustand ist, und dementsprechend nur im Gesamtkontext betrachtet werden kann. Gleichzeitig liegt in den hier vorgestellten Fällen die Annahme zu Grunde, dass die Eigenkapitalgeber bestimmen, wie hoch der Wert von Anteilen an Cash Flows ist, den man an die Fremdkapitalgeber abgibt. Gegeben dieser Tatsache, entspricht der Unternehmenswert auf dem Konto der Eigenkapitalgeber der Summe des Eigenkapitalwertes und dem Geldäquivalent des verkauften Fremdkapitalanteils. Somit entspricht die Volatilitätsreduktion durch Hedging auch einer Wohlfahrts- und somit Nutzenmaximierung der Eigenkapitalgeber, jedoch primär über die zu veräußernde Fremdkapitalkomponente.

Die empirische Stichprobe zeigt indikativ, dass Fremdkapitalgeber das gesunkene Kreditrisiko über geringere Risikoaufschläge einpreisen und hedgende Unternehmen folglich höhere Fremdkapital(-markt)werte generieren, ceteris paribus. Somit konnte indikativ nachgewiesen werden, dass Fremdkapitalgeber Hedging wahrnehmen, und Wertboni aus Hedging Aktivitäten erhalten und folglich ihren Nutzen maximieren, wenn sie die Durchführung von Hedging im Rahmen der Kreditvergabe festschreiben.

Kapitel 6

Zusammenfassung und Ausblick

6.1 Zusammenfassung

Im Rahmen der vorliegenden Arbeit wurde analysiert, ob und wenn ja, wie groß der Einfluss von Corporate Financial Hedging auf die Position der Fremdkapitalgeber und des Unternehmens insgesamt ist. Wie der vorgestellten Literatur zu entnehmen ist, fokussieren sich die meisten Studien primär auf die Position der Eigenkapitalgeber und können nur unzureichende bzw. inkonsistente Ergebnisse über das Wertschaffungspotenzial von Hedging generieren. Insbesondere die Existenz von Wettbewerb und Spekulation führen zu der Schwierigkeit allgemeingültige Aussagen bezüglich des Hedging im Unternehmenskontext zu treffen. Jedoch wurde festegestellt, dass insbesondere die Betrachtung der Position der Fremdkapitalgeber zusätzliche Einblicke in die Wertdynamik eines Unternehmens geben könnte, da Hedging den relevanten Bewertungsparameter der Insolvenzkosten reduziert.

Im Rahmen der modelltheoretischen Betrachtung konnte gezeigt werden, dass über ein Kapitalstrukturmodell, welches das Ergebnis der operativen Geschäftstätigkeit vor Steuern und Zinsen (EBIT) als Zustandsvariable nutzt, unterschiedliche

Wertallokationen analysiert werden konnten, die unter unterschiedlichen Stufen der Risikoabsicherung zwischen den Anspruchshaltern des Unternehmensvermögens zustande kommen.

Eine Simulation der EBIT Verteilungen wurde anschließend genutzt, um unterschiedliche Hedge Ratios am Beispiel der Lufthansa AG und deren Auswirkungen auf die Wertverteilungen der einzelnen Anspruchsgruppen zu illustrieren. Die Methodik der Simulation war insofern vonnöten, als das man dadurch in der Lage ist sämtliche Störeffekte, die einer empirischen Untersuchung anhaften, zu ignorieren.

Die vorliegende Arbeit vermag folgende Aspekte zu bestätigen und zu quantifizieren:

- Corporate Financial Hedging erhöht die Fremdkapitalkapazität eines Unternehmens und steigert den Unternehmenswert auf Grund der steuerlichen Abzugsfähigkeit von Zinsen.
- Corporate Financial Hedging reduziert die erwarteten Insolvenzkosten eines Unternehmens durch Reduktion der Ausfallwahrscheinlichkeit und erhöht somit den Unternehmenswert.
- Corporate Financial Hedging vermag das Risiko von Fremdkapitalwerten zu reduzieren und senkt folglich den erwarteten Risikoaufschlag und somit die Kapitalkosten eines Unternehmens.

Dadurch, dass die durchgeführte Analyse Marktwertveränderungen auf der Fremdkapitalseite analysiert und im Gesamtkontext eines Unternehmens beurteilt, konnte der bestehenden Literatur ein weiterer Aspekt hinzugeführt werden, der bis dato nur unzulänglich betrachtet wurde. Zusammen mit der Betrachtung der Eigenkapitalgeberposition kann entsprechend argumentiert werden, dass selbst bei

Irrelevanz des Hedging auf der Eigenkapitalseite die Fremdkapitalgeber über geringere Risikoprämien die gewichteten Kapitalkosten reduzieren und dadurch den Unternehmenswert steigern. Aus dieser integrierten Betrachtung folgt, dass Hedging eine Wert schaffende Funktion für Unternehmen hat und vergangene Studien auf Grund der isolierten Betrachtung von Eigenkapitalwerten vermeintlich inkonsistente Untersuchungsergebnisse hatten.

6.2 Übertragbarkeit und Ausblick

Insgesamt muss jedoch einschränkend gesagt werden, dass die Wertboni modellgetrieben zwischen rund 4 und 6% des Unternehmenswertes betragen und somit vergleichsweise gering sind. Insbesondere die Aufnahme und Durchführung eines Risikomanagement Programms würden den Beitrag durch Personal- und Transaktionskosten weiter reduzieren. Jedoch muss festgehalten werden, dass Management Motive, wie in Kapitel 2.1 dargelegt einen solchen Schritt durchaus rechtfertigen. Ebenfalls muss angemerkt werden, dass operative Risikofaktoren, wie Preis- und Absatzrisiken, auf Grund des Mangels der Messbarkeit nicht inkludiert wurden. Für eine ganzheitliche Simulation müssten diese jedoch mit einbezogen werden, sodass die Aussagen bezüglich Insolvenzrisiko und Unternehmenswert zwar nicht in ihrer Tendenz, sehr wohl jedoch in ihrer Amplitude anzupassen wären.

Eine empirische Stichprobe gibt eine Indikation, dass auch der Kapitalmarkt Hedging wahrnimmt. Hierbei konnte über die Analyse von CDS Spreads gezeigt werden, dass stärker hedgende Unternehmen kleinere und weniger volatile Kreditrisikoprämien tragen. Diese Stichprobe dient auf Grund des bestehenden Datenmangels allerdings lediglich der Illustration und sollte in zukünftigen Arbeiten intensiver beleuchtet werden. Insbesondere eine ausreichend große Stichprobe sowie die Berücksichtigung der notwendigen Kontrollvariablen können die integrierte theoretische Betrachtung empirisch stützen.

Zusammenfassend stellt Hedging aus der Globalsicht demnach eine Wert schaffende Aktivität dar, die den Marktwert des Fremdkapitals erhöht und aus der Modellsicht folglich auch den Nutzen der Eigenkapitalgeber maximiert. Somit entspricht die Ausübung von Hedging auch der Maximierung des "Shareholder Value".

Anhang A

Anhang

A.1 Anwendung von Itôs Lemma I/II

Gegeben sei ein stochastischer Prozess für die Zustandsvariable V:

$$dV = (\alpha V - C)dt + \sigma V dz. \tag{A.1}$$

Es soll eine Bewertung für ein Wertpapier Y nach Merton (1974)angestrebt werden, dessen Wert sich an der Zustandsvariable V und der Zeit t orientiert. Für das Differenzial von $Y = F(V, t)$ gilt gemäß Itô's Lemma:

$$dY = F_t dt + F_V dV + F_{tt}(dt)^2 + F_{VV}(dV)^2 + F_{tV} dt dV, \tag{A.2}$$

wobei die Indizes partielle Ableitungen bedeuten. Aus Gleichung A.1 folgt:

$$(dV)^2 = ((\alpha V - C))^2 dt^2 + 2(\alpha V - C) dt \sigma V dz + \sigma^2 V^2 dz^2, \tag{A.3}$$

$$dtdV = (\alpha V - C) dt^2 + \sigma V dz dt, \tag{A.4}$$

wobei für die stochastischen Inkremente u.a. nach Björk (1998) gilt:

$$\begin{cases} (dt)^2 = 0, \\ (dz)(dt) = 0, \\ (dz)^2 = dt. \end{cases}$$

Entsprechend in Gleichung A.2 eingesetzt, folgt die von Merton (1974) präsentierte Differenzialgleichung:

$$dY = \left[\frac{1}{2} \sigma^2 V^2 F_{VV} + (\alpha V - C) F_V + F_t \right] dt + \sigma V F_V dz. \tag{A.5}$$

A.2 Übersicht untersuchte Airlines

Airline	**Land/ Region**	**CDS?**	**N>15?**	**Analyse?**
Aegean Airlines	Griechenland	nein	nein	nein
Aer Lingus	Irland	nein	nein	nein
Aeroflot	Russland	nein	nein	nein
Air Baltic	Baltikum	nein	nein	nein
air berlin	Deutschland	nein	nein	nein
Air France KLM	Frankreich	ja	ja	**ja**
Alitalia	Italien	nein	nein	nein
Austrian Airlines (AUA)	Österreich	nein	ja	**ja**
British Airways	Großbritannien	ja	ja	**ja**
Condor	Deutschland	nein	nein	nein
Czech Airlines (CSA)	Tschech. Republik	nein	nein	nein
Easyjet	Großbritannien	nein	nein	nein
Germanwings	Deutschland	nein	nein	nein
Iberia	Spanien	nein	nein	**ja**
Lufthansa	Deutschland	ja	ja	**ja**
Malev Hungarian Airlines	Ungarn	nein	nein	nein
Ryanair	Irland	nein	nein	nein
Scandinavian (SAS)	Skandinavien	ja	nein	**ja**
Swiss	Schweiz	nein	nein	nein
Turkish Airlines	Türkei	nein	nein	nein

Quelle: Thomson Reuters Datastream

A.3 Anwendung von Itôs Lemma II/II

Gegeben ist ein stochastischer Prozess für die Preisentwicklung von Öl:

$$dS = k(\mu - S)Sdt + \sigma SdW_2. \tag{A.6}$$

Für eine Funktion Y, für die gilt: $Y = lnS$ und $Y := f(S,t)$ folgt nach Anwendung von Itô's Lemma:

$$\frac{\partial f}{\partial t} = 0dt, \tag{A.7}$$

$$\frac{\partial f}{\partial S} = \frac{1}{S}dS = \frac{1}{S} \cdot k(\mu - S)Sdt + \sigma SdW_2, \tag{A.8}$$

$$\frac{\partial^2 f}{\partial S^2} = -\frac{1}{2S^2}(dS)^2 = -\frac{1}{2S^2} \cdot (k(\mu - S)Sdt + \sigma SdW_2)^2\,, \tag{A.9}$$

wobei für die stochastischen Inkremente u.a. nach Björk (1998) gilt:

$$\begin{cases} (dt)^2 = 0, \\ (dW_2)(dt) = 0, \\ (dW_2)^2 = dt. \end{cases}$$

folglich ist

$$-\frac{1}{2S^2}(dS)^2 = -\frac{1}{2S^2} \cdot (k(\mu - S)Sdt + \sigma SdW_2)^2 = -\frac{1}{2S^2} \cdot \sigma^2 S^2 dt = -\frac{1}{2} \cdot \sigma^2 dt. \tag{A.10}$$

In Verbindung mit dem Ergebnis aus Gleichung A.8 ergibt sich die Darstellung der Gleichung 4.3

$$dY = [k(\mu - S) - \frac{1}{2}\sigma^2]dt + \sigma S dW_2. \tag{A.11}$$

A.4 Rechenbeispiel Goldstein, Ju & Leland (2001)

A.4.1 Grundparameter

Inputparameter Rechenbeispiel

EBIT, in Mio. EUR	δ	1378
Unternehmenswert/ EBIT	Multiple	17
Unternehmenssteuersatz	τ_c	30%
Steuern auf Dividendeneinkünfte	τ_d	26,375%
Risikofreier Zins (nach Steuern)	r	3,22%
Insolvenzkostenanteil	α	5%
Volatilität EBIT Rendite bei 0% HR	σ	42,9 %
Kosten der Fremdkapitalaufnahme	q	1%

Abgeleitete Parameter Rechenbeispiel

Unternehmenswert	V	23.426
Risikoneutraler Drift	$\mu_r = r - \frac{\delta}{V}$	-2,66%
Effektiver Steuersatz	$\tau_{eff} = 1 - (1 - \tau_c)(1 - \tau_d)$	48,46%

A.4.2 Optimale Kapitalstruktur

Parameter	Formel	Wert
x	$\frac{1}{\sigma^2}\left[\left(\mu_r - \frac{\sigma^2}{2}\right) + \sqrt{\left(\mu_r - \frac{\sigma^2}{2}\right)^2 + 2r\sigma^2}\right]$	0,2303
λ	$\left(\frac{x}{x+1}\right)$	0,1872
C^*	$V\left(\frac{r}{\lambda}\right)\left[\left(\frac{1}{1+x}\right)\left(\frac{A}{A+B}\right)\right]^{\frac{1}{x}}$	1427,4998
A	$(1-q)(1-\tau_i)-(1-\tau_{eff})$	0,1776
B	$\lambda(1-\tau_{eff})[1-(1-q)(1-\alpha)]$	0,0057
V_B^*	$\lambda\frac{C^*}{r}$	8296,3911
$p_B(V)$	$\left(\frac{V}{V_B^*}\right)^{-x}$	0,7873
V_{solv}	$V - p_B(V) * V_B^*$	16894,0043
V_{def}	$p_B(V) * V_B^*$	6531,9957
V_{int}	$\frac{C^*}{r} * (1-p_B(V))$	9424,0613
D	$D_{solv} + D_{def}$	
D_{solv}	$(1-\tau_i) * V_{int}$	6596,8429
D_{def}	$(1-\alpha)(1-\tau_{eff}) * V_B^* * p_B(V)$	3198,1059
D	$D_{solv} + D_{def}$	9794,9488
E	$(1-\tau_{eff})(V_{solv} - V_{int})$	3849,8219
	$D + E$	13644,7707
	$\frac{D}{D+E}$	0,7179
BC	$\alpha * V_{def}$	326,5998
in %	$\frac{BC}{D+E}$	0,0239
CS	$\frac{C^*}{D} - \frac{r}{1-\tau_i}$	$997 * 10^{-4}$

Tabelle A.1: Rechenbeispiel bei optimaler Kapitalstruktur

A.4.3 Fixer Coupon

Parameter	Formel/Herkunft	Wert
x	$\frac{1}{\sigma^2}\left[\left(\mu_r - \frac{\sigma^2}{2}\right) + \sqrt{\left(\mu_r - \frac{\sigma^2}{2}\right)^2 + 2r\sigma^2}\right]$	0,2303
λ	$\left(\frac{x}{x+1}\right)$	0,1872
C	Lufthansa Geschäftsbericht 2008	374
V_B	$\lambda\frac{C}{r}$	2173,6257
$p_B(V)$	$\left(\frac{V}{V_B}\right)^{-x}$	0,5783
V_{solv}	$V - p_B(V) * V_B$	22168,9676
V_{def}	$p_B(V) * V_B$	1257,0324
V_{int}	$\frac{C}{r} * (1 - p_B(V))$	4895,7460
D	$D_{solv} + D_{def}$	
D_{solv}	$(1 - \tau_i) * V_{int}$	3427,0222
D_{def}	$(1 - \alpha)(1 - \tau_{eff}) * V_B * p_B(V)$	615,4509
D	$D_{solv} + D_{def}$	4042,4731
E	$(1 - \tau_{eff})(V_{solv} - V_{int})$	8902,1866
	$D + E$	12944,6597
	$\frac{D}{D+E}$	0,3123
BC	αV_{def}	62,8516
	$\frac{BC}{D+E}$	0,0049
CS	$\frac{C}{D} - \frac{r}{1-\tau_i}$	$465 * 10^{-4}$

Tabelle A.2: Rechenbeispiel bei fixem Coupon

Literaturverzeichnis

Adam, T., Dasgupta, S. & Titman, S. (2007), 'Financial Constraints, Competition, and Hedging in Industry Equilibrium.', *Journal of Finance* **65**(5), S. 2445 – 2473.

Adam, T. R. & Fernando, C. S. (2006), 'Hedging, Speculation, and Shareholder Value.', *Journal of Financial Economics* **81**(2), S. 283 – 309.

Adler, M. & Dumas, B. (1984), 'Exposure to Currency Risk: Definition and Measurement.', *Financial Management* **13**, S. 41 – 50.

Allayannis, G., Lel, U. & Miller, D. (2003), 'Corporate Governance and the Hedging Premium around the World.', *Working Paper, Darden School of Business* .

Allayannis, G. & Mozumdar, A. (2000), 'Cash Flow, Investment, and Hedging.', *Working Paper, Darden School of Business* .

Allayannis, G. & Weston, J. (2001), 'The Use of Foreign Currency Derivatives and Firm Market Value.', *Review of Financial Studies* **14**(1), S. 243 – 276.

Altman, E. I. (1984), 'A Further Empirical Investigation of the Bankruptcy Cost Question.', *Journal of Finance* **39**(4), S. 1067 – 1089.

Amano, R. & van Norden, S. (1998), 'Oil Prices and the Rise and Fall of the US Real Exchange Rate.', *Journal of International Money and Finance* **17**, S. 299 – 316.

Ammann, M. & Genser, M. (2004), 'A Testable Credit Risk Framework with Optimal Bankruptcy, Taxes, and a Complex Capital Structure.', *Working Paper, University of St. Gallen* .

Anderson, R. W. & Sundaresan, S. (1996), 'Design and Valuation of Debt Contracts.', *The Review of Financial Studies* **9**(1), S. 37 – 68.

Andrade, G. & Kaplan, S. (1998), 'How Costly is Financial (not Economic) Distress? Evidence from Highly Leveraged Transactions That Became Distressed.', *Journal of Finance* **53**, S 1443 – 1493.

Ang, J. S., Chua, J. H. & McConnell, J. J. (1982), 'The Administrative Costs of Corporate Bankruptcy: A Note.', *Journal of Finance* **37**(1), S. 219 – 226.

Asquith, P., Gertner, R. & Scharfstein, D. (1994), 'Anatomy of Financial Distress: An Examination of Junk Bond Issuers.', *Quarterly Journal of Economics* **109**, S. 625 – 658.

Barnes-Schuster, D., Bassok, Y. & Anupindi, R. (2002), 'Coordination and Flexibility in Supply Contracts with Options.', *Manufacturing and Service Operations Management* **4**, S. 171 – 207.

Bartram, S., Brown, G. & Fehle, F. (2004), 'International Evidence on Financial Derivatives Use.', *Working Paper, Lancaster University* .

Baxter, N. D. (1967), 'Leverage, Risk of Ruin and the Cost of Capital.', *Journal of Finance* **22**(3), S. 395 – 403.

Benassy-Quere, A., Mignon, A. & Penot, A. (2005), 'China and the Relationship between the Oil Price and the Dollar.', *CEPII Working Paper* .

Bessembinder, H. (1991), 'Forward Contracts and Firm Value: Investment Incentive and Contracting Effects.', *The Journal of Financial and Quantitative Analysis* **26**(4), S. 519 – 532.

Bhattacharya, Utpal, H. D. & Welker, M. (2003), 'The World Price of Earnings Opacity.', *The Accounting Rewiew* **78**, S. 641 – 678.

BIS (2003), *Management operationeller Risiken - Praxisempfehlungen für Banken und Bankenaufsicht.*, Basler Ausschuss für Banken und Bankenaufsicht.

Björk, T. (1998), *Arbitrage Theory in Continuous Time.*, Oxford University Press.

Black, F. & Cox, J. C. (1976), 'Valuing Corporate Securities: Some Effects of Bond Indenture Provisions.', *Journal of Finance* **31**(2), S. 351 – 367.

Black, F. & Scholes, M. (1973), 'The Pricing of Options and Corporate Liabilities.', *Journal of Political Economy* **81**(3), S. 637 – 659.

Blanco, R., Brennan, S. & Marsh, I. W. (2005), 'An Empirical Analysis of the Dynamic Relation between Investment-Grade Bonds and Credit Default Swaps.', *Journal of Finance* **60**(5), S. 2255 – 2281.

Bodnar, G. & Gebhard, G. (1999), 'Derivatives Usage in Risk Management by US and German Non-financial Firms: AComparative Survey.', *Journal of International Management and Accounting* **10**(3), S. 153 – 187.

Bodnar, G., Hayt, G. & Marston, R. C. (1998), '1998 Wharton Survey of Derivatives Usage by US Non-Financial Firms.', *Financial Management* **27**, S. 70 – 91.

Breeden, D. & Viswanathan, S. (1996), 'Why Do Firms Hedge? An Asymmetric Information Model.', *Working Paper, Fuqua School of business* .

Brennan, M. J. (1958), 'The Supply of Storage.', *The American Economic Review* **48**(1), S. 50 – 72.

Brennan, M. J. & Schwartz, E. S. (1978), 'Corporate Income Taxes, Valuation, and the Problem of Optimal Capital Structure.', *Journal of Business* **51**(1), S. 103 – 114.

Brown, G., Crabb, P. & Haushalter, G. D. (2006), 'Are Firms Successful at Selective Hedging?', *Journal of Business* **79**(6), S. 2925 – 2949.

Brown, G. & Khoker, Z. (2005), 'Corporate Risk Management and Speculative Motives.', *Working Paper, University of North Carolina* .

Campbell, T. & Kracaw, W. (1999), Optimal Speculation in the Presence of Costly External Financing., *in* G. Brown & D. Chew, eds, 'Corporate Risk: Strategies and Management', Risk Publications, London.

Carter, D. A., Rogers, D. A. & Simkins, B. J. (2006), 'Does Hedging Affect Firm Value? Evidence from the US Airline Industry.', *Financial Management* **35**(1), S. 53 – 86.

Chen, Y., Rogoff, K. & Rossi, B. (2008), 'Can Exchange Rates Forecast Commodity Prices?', *NBER Working Paper No. W13901, Harvard University* .

Cheng, K. (2008), Dollar Depreciation and Commodity Prices., *in* IWF, ed., 'World Economic Outlook', Internationaler Währungsfonds, Washington D.C., pp. S. 72 – 75.

Cox, J. C., Ingersoll, J. E. & Ross, S. A. (1985), 'A Theory of the Term Structure of Interest Rates.', *Econometrica* **53**(2), S. 385 – 407.

DaDalt, P., Gay, G. & Nam, J. (2001), 'Asymmetric Information and Corporate Derivatives Use.', *Working Paper, Georgia State University* .

Dangl, T. & Zechner, J. (2004), 'Credit Risk and Dynamic Capital Structure Choice.', *Journal of Financial Intermediation* **13**(2), 183 – 204. Bank Capital Adequacy Regulation under the New Basel Accord.

Das, S. R. & Tufano, P. (1996), 'Pricing Credit-Sensitive Debt When Interest Rates, Credit Ratings and Credit Spreads are Stochastic.', *Journal of Financial Engineering* **5**, S. 161 – 198.

DeMarzo, P. M. & Duffie, D. (1995), 'Corporate Incentives for Hedging and Hedge Accounting.', *The Review of Financial Studies* **8**(3), S. 743 – 771.

Denis, D. & Denis, D. (1995), 'Causes of Financial Distress Following Leveraged Recapitalizations.', *Journal of Financial Economics* **27**, S. 411 – 418.

Diamond, D. (1984), 'Financial Intermediation and Delegated Monitoring.', *Review of Economic Studies* **51**, S. 393 – 414.

Dichev, I. D. (1998), 'Is the Risk of Bankruptcy a Systematic Risk?', *Journal of Finance* **53**(3), S. 1131 – 1147.

Dolde, W. (1995), 'Hedging, Leverage and Primitive Risk.', *Journal of Financial Engineering* **4**, S. 187 – 216.

Duffie, D. (1999), 'Credit Swap Valuation.', *Financial Analysts Journal* **55**(1), 73–87.

Duffie, D. & Singleton, K. (1999), 'Modeling Term Structures of Defaultable Bonds.', *Review of Financial Studies* **12**(4), S. 687 – 720.

Dufresne, D. (2004), 'The Log-normal Approximation in Financial and other Computations.', *Advanced Applied Probability* **36**, S. 747 – 773.

Engel, C. & West, K. (2005), 'Exchange Rates and Fundamentals.', *Journal of Political Economy* **113**(3), S. 485 – 517.

Eom, Y., Helwege, J. & Huang, J.-Z. (2004), 'Structural Models of Corporate Bond Pricing: An Empirical Analysis.', *Review of Financial Studies* **17**(2), S. 499 – 544.

Evans, M. D. D. & Lyons, R. K. (2005), 'Meese-Rogoff Redux: Micro-Based Exchange-Rate Forecasting.', *American Economic Review* **95**(2), S. 405 – 414.

Fama, E. F. (1970), 'Efficient Capital Markets: A Review of Theory and Empirical Work.', *Journal of Finance* **25**(2), 383–417.

Fan, H. & Sundaresan, S. (2000), 'Debt Valuation, Renegotiation, and Optimal Dividend Policy.', *Review of Financial Studies* **13**, S. 1057 – 1099.

Faulkender, M. (2005), 'Hedging or Market Timing? Selecting the Interest Rate Exposure of Corporate Debt.', *Journal of Finance* **60**, S. 931 – 962.

Fazzari, S., Hubbard, R. & Petersen, B. (1988), 'Financing Constraints and Corporate Investment.', *Brookings Papers on Economic Activity* **2**, S– 141 – 206.

Fischer, E. O., Heinkel, R. & Zechner, J. (1989), 'Dynamic Capital Structure Choice: Theory and Tests.', *Journal of Finance* **44**(1), S. 19 – 40.

Fisher, L. (1959), 'Determinants of Risk Premiums on Corporate Bonds.', *The Journal of Political Economy* **67**(3), S. 217 – 237.

Froot, K. A., Scharfstein, D. S. & Stein, J. C. (1993), 'Risk Management: Coordinating Corporate Investment and Financing Policies.', *Journal of Finance* **48**(5), S. 1629 – 1658.

Gay, G. & Nam, J. (1998), 'The Underinvestment Problem and Corporate Derivatives Use.', *Financial Management* **27**, S. 53 – 69.

Géczy, C. C., Minton, B. A. & Schrand, C. M. (1997), 'Why Firms Use Currency Derivatives.', *Journal of Finance* **52**, S. 1323 – 1354.

Géczy, C. C., Minton, B. A. & Schrand, C. M. (2007), 'Taking a View: Corporate Speculation, Governance, and Compensation.', *Journal of Finance* **62**(5), S. 2405 – 2443.

Goldstein, R., Ju, N. & Leland, H. (2001), 'An EBIT-Based Model of Dynamic Capital Structure.', *Journal of Business* **74**(4), S. 483 – 512.

Goldstein, R. & Zapatero, F. (1996), 'General Equilibrium with Constant Relative Risk Aversion and Vasicek Interest Rates.', *Mathematical Finance* **6**(3), S. 331 – 340.

Graham, J. R. & Rogers, D. A. (2002), 'Do Firms Hedge in Response to Tax Incentives?', *Journal of Finance* **57**(2), S. 815 – 839.

Graham, J. & Smith, C. (1999), 'Tax Incentives to Hedge.', *Journal of Finance* **54**, S. 2241 – 2262.

Guay, W. & Kothari, S. (2003), 'How Much Do Firms Hedge with Derivatives?', *Journal of Financial Economics* **70**, S. 423 – 461.

Hahn, R. (2009), Cathay Pacific: Knapp 1 Milliarde Dollar Verlust durch Kerosin-Hedging., *in* 'www.wallstreet-online.de, Beitrag vom 07.01.2009, abgerufen am 20.01.2010'.

Hahnenstein, L. & Röder, K. (2007), 'Who Hedges More When Leverage is Endogenous? A Testable Theory of Corporate Risk Management under General

Distributional Conditions.', *Review of Quantitative Finance and Accounting* **28**, S. 353 – 391.

Haushalter, G. D. (2000), 'Financing Policy, Basis Risk, and Corporate Hedging: Evidence from Oil and Gas Producers.', *Journal of Finance* **55**(1), S. 107 – 152.

Hentschel, L. & Kothari, S. (2001), 'Are Corporations Reducing or Taking Risks?', *Journal of Financial and Quantitative Analysis* **36**, S. 93 – 118.

Hoshi, T., Kashyap, A. & Scharfstein, D. (1991), 'Corporate Structure, Liquidity, and Investment: Evidence from Japanese Industrial Groups.', *Quarterly Journal of Economics* **56**, S. 33 – 60.

IATA (2008), 'World Air Transport Statistics (WATS) 53rd Edition.', http://www.iata.org/ps/publications/wats-passenger-carried.htm, abgerufen im Juni 2009.

ISDA (2009), '2009 ISDA Market Survey.'.

Jaffee, D. M. (1975), 'Cyclical Variations in the Risk Structure of Interest Rates.', *Journal of Monetary Economics* **1**(3), S. 309 – 325.

Jarrow, R. A., Lando, D. & Turnbull, S. M. (1997), 'A Markov Model for the Term Structure of Credit Risk Spreads.', *Review of Financial Studies* **10**(2), S. 481 – 523.

Jarrow, R. A. & Turnbull, S. M. (1995), 'Pricing Derivatives on Financial Securities Subject to Credit Risk.', *Journal of Finance* **50**(1), S. 53 – 85.

Jensen, M. C. & Meckling, W. H. (1976), 'Theory of the Firm: Managerial Behavior, Agency Costs and Ownership Structure.', *Journal of Financial Economics* **3**(4), S. 305 – 360.

Jin, Y. & Jorion, P. (2006), 'Firm Value and Hedging: Evidence from U.S. Oil and Gas Producers.', *Journal of Finance* **61**(2), S. 893 – 919.

Jin, Y. & Jorion, P. (2007), 'Does Hedging Increase Firm Value? Evidence From the Gold Mining Industry.', *Working Paper, CSU Northridge und UC-Irvine* .

Jones, E. P., Mason, S. P. & Rosenfeld, E. (1983), 'Contingent Claims Valuation of Corporate Liabilities: Theory and Empirical Tests.', *NBER Working Paper No. 1143, Harvard University* .

Jones, E. P., Mason, S. P. & Rosenfeld, E. (1984), 'Contingent Claims Analysis of Corporate Capital Structures: An Empirical Investigation.', *Journal of Finance* **39**(3), S. 611 – 625.

Judge, A. (2003), 'Corporate Risk Management: A Theoretical Appraisal.', *Working Paper, Middlesex University Business School* .

Kaldor, N. (1939), 'Speculation and Economic Stability.', *The Review of Economic Studies* **7**(1), S. 1 – 27.

Kane, A., Marcus, A. J. & McDonald, R. L. (1985), 'Debt Policy and the Rate of Return Premium to Leverage.', *The Journal of Financial and Quantitative Analysis* **20**(4), S. 479 – 499.

Kim, I. J., Ramaswamy, K. & Sundaresan, S. (1993), 'Does Default Risk in Coupons Affect the Valuation of Corporate Bonds?: A Contingent Claims Model.', *Financial Management* **22**(3), S. 117 – 131.

Knopf, J. D., Nam, J. & Thornton, John H., J. (2002), 'The Volatility and Price Sensitivities of Managerial Stock Option Portfolios and Corporate Hedging.', *Journal of Finance* **57**(2), S. 801 – 813.

Konoplev, I. (2007), Corporate Hedging - Literatur und Forschungslücken., Master's thesis, WHU - Otto Beisheim School of Management.

Kraus, A. & Litzenberger, R. H. (1973), 'A State-Preference Model of Optimal Financial Leverage.', *Journal of Finance* **28**(4), S. 911 – 922.

Krichene, N. (2005), 'A Simultaneous Equations Model for World Crude Oil and Natural Gas Markets.', *IWF Working Paper* .

Kvello, C. & Stenvik, H. N. (2009), Jet Fuel Hedging in the European Airline Industry - Determinants and Value of Hedging., Master's thesis, Norges Handelshoyskole, Bergen.

Lando, D. (1998), 'On Cox Processes and Credit Risky Securities.', *Review of Derivatives Research* **2**(2), S. 99 – 120.

Lang, L. & Stulz, R. (1992), 'Contagion and Competitive Intra-Industry Effects of Bankruptcy Announcements.', *Journal of Financial Economics* **32**, S. 45 – 60.

Leland, H. (1994), 'Corporate Debt Value, Bond Covenants, and Optimal Capital Structure.', *Journal of Finance* **49**(4), S. 1213 – 1252.

Leland, H. (1998), 'Agency Costs, Risk Management, and Capital Structure.', *Journal of Finance* **49**, S. 1213 – 1243.

Leland, H. E. & Toft, K. B. (1996), 'Optimal Capital Structure, Endogenous Bankruptcy, and the Term Structure of Credit Spreads.', *Journal of Finance* **51**(3), S. 987 – 1019.

Lintner, J. (1965), 'The Valuation of Risk Assets and the Selection of Risky Investments in Stock Portfolios and Capital Budgets.', *The Review of Economics and Statistics* **47**(1), S. 13 – 37.

Ljungqvist, L. (1994), 'Asymmetric Information: A Rationale for Corporate Speculation.', *Journal of Financial Intermediation* **3**, S. 188 – 203.

Longstaff, F. & Schwartz, E. (1995), 'A Simple Approach to Valuing Risky Fixed and Floating Rate Debt.', *Journal of Finance* **50**, S. 798 – 819.

Lufthansa (2007), 'Geschäftsbericht 2007'.

Lufthansa (2008), 'Geschäftsbericht 2008'.

MacKay, P. & Moeller, S. (2007), 'The Value of Corporate Risk Management.', *Journal of Finance* **62**(3), S. 1379 – 1419.

MacMinn, R. D. (1987), 'Forward Markets, Stock Markets, and the Theory of the Firm.', *Journal of Finance* **42**(5), S. 1167 – 1185.

Madan, D. & Unal, H. (1998), 'Pricing the Risks of Default.', *Review of Derivatives Research* **2**(2), S. 121 – 160.

Mayers, D. & Smith, Clifford W., J. (1982), 'On the Corporate Demand for Insurance.', *Journal of Business* **55**(2), S. 281 – 296.

Meese, R. & Rogoff, K. (1983), 'Empirical Exchange Rate Models of the Seventies.', *Journal of International Economics* **14**(1-2), S. 3 – 24.

Mella-Barral, P. & Perraudin, W. (1997), 'Strategic Debt Service.', *Journal of Finance* **52**(2), S. 531 – 556.

Merton, R. (1973), 'On the Pricing of Contingent Claims and the Modigliani-Miller Theorem.', *Journal of Financial Economics* **5**(2), S. 241 – 249.

Merton, R. C. (1974), 'On The Pricing Of Corporate Debt: The Risk Structure Of Interest Rates.', *Journal of Finance* **29**(2), S. 449 – 470.

Mian, S. (1996), 'Evidence on Corporate Hedging Policy.', *Journal of Financial and Quantitative Analysis* **31**, S. 419 – 439.

Miller, M. (1977), 'Debt and Taxes.', *Journal of Finance* **32**, S. 261 – 275.

Miller, M. & Modigliani, F. (1963), 'Corporate Income Taxes and the Cost of Capital: A Correction.', *American Economic Review* **53**, S. 433 – 443.

Milne, R. (2007), Porsche Profits by CFO's Hedges., *in* 'Financial Times, Ausgabe vom 29.11.2007'.

Modigliani, F. & Miller, M. H. (1958), 'The Cost of Capital, Corporation Finance and the Theory of Investment.', *American Economic Review* **48**(3), S. 261 – 297.

Mossin, J. (1966), 'Equilibrium in a Capital Asset Market.', *Econometrica* **34**(4), S. 768 – 783.

Mozumdar, A. (2001), 'Corporate Hedging and Speculative Incentives: Implications for Swap Market Default Risk.', *Journal of Financial and Quantitative Analysis* **36**, S. 221 – 250.

Muck, M. & Rudolf, M. (2003), Fallstudie: Risikomanagement bei der Lufthansa., *in* Achleitner/Thoma, ed., 'Handbuch Corporate Finance, Loseblattausgabe, 2. Auflage', Köln.

Muck, M. & Rudolf, M. (2004), International Corporate Risk Management: A Comparison of 3 Major Airlines., *in* M. Frenkel, U. Hommel & M. Rudolf, eds, 'Risk Management: Challenge and Opportunity', Springer.

Myers, S. C. (1977), 'Determinants of Corporate Borrowing.', *Journal of Financial Economics* **5**(2), S. 147 – 175.

Nain, A. (2004), 'The Strategic Motives for Corporate Risk Management.', *Working Paper, University of Michigan* .

Nance, D. R., Smith, Clifford W., J. & Smithson, C. W. (1993), 'On the Determinants of Corporate Hedging.', *Journal of Finance* **48**(1), S. 267 – 284.

Niebergall, J. (2007), Wertgenerierung durch Corporate Hedging - Eine empirische Untersuchung der internationalen Automobilindustrie., PhD thesis, WHU - Otto Beisheim School of Management.

Opler, T. C. & Titman, S. (1994), 'Financial Distress and Corporate Performance.', *Journal of Finance* **49**(3), S. 1015 – 1040.

Ornstein, L. S. & Uhlenbeck, G. E. (1930), 'On the Theory of Brownian Motion.', *Physical Review* **36**, S. 823 – 841.

Pulvino, T. C. (1998), 'Do Asset Fire Sales Exist? An Empirical Investigation of Commercial Aircraft Transactions.', *Journal of Finance* **53**(3), S. 939 – 978.

Robichek, A. & Myers, S. (1965), *Optimal Financing Decisions.*, Prentice Hall, Englewood Cliffs, NJ.

Ross, M. (1996), 'Corporate Hedging: What, Why and How?', *Working Paper, Haas School of Business* .

Ross, S. A. (1995), 'Hedging Long Run Commitments: Exercising in Incomplete Market Pricing.', *Working Paper, Haas School of Business* .

Ruß, O. & Gebhard, G. (2002), 'Erklärungsfaktoren für den Einsatz von Währungsderivaten bei deutschen Unternehmen - eine empirische Logit-Analyse.', *Working Paper, Johann-Wolfgang-Goethe Universität* .

Rudolf, M. (2000), 'Monte Carlo Simulation im Risikomanagement.', *Wirtschaftswissenschaftliches Studium, WiSt* **29**, S. 380 – 387.

Schimmel, W. (2008), *Is the oil Price being Driven by a weak Dollar?*, Futures FTC Capital, Wien.

Schwartz, E. S. (1997), 'The Stochastic Behavior of Commodity Prices: Implications for Valuation and Hedging.', *Journal of Finance* **52**(3), S. 923 – 973.

Sharpe, W. F. (1964), 'Capital Asset Prices: A Theory of Market Equilibrium under Conditions of Risk.', *Journal of Finance* **19**(3), 425–442.

Sloan, Peter, E. (1963), 'Determinants of Bond Yield Differentials: 1954 to 1959.', *Yale Economic Essays* **3**, S. 3 – 56.

Smith, C. W. & Stulz, R. M. (1985), 'The Determinants of Firms' Hedging Policies.', *The Journal of Financial and Quantitative Analysis* **20**(4), S. 391 – 405.

Smith, C. & Warner, J. (1979), 'On Financial Contracting: An Analysis of Bond Covenants.', *Journal of Financial Economics* **17**, S. 117 – 161.

Standard & Poor's (2008), *Ratings Direct*, McGraw Hill.

Stulz, R. (1984), 'Optimal Hedging Policies.', *Journal of Financial and Quantitative Analysis* **19**, S. 127 – 140.

Stulz, R. (1996), 'Rethinking Risk Management.', *Journal of Applied Corporate Finance* **9**(3), S. 8 – 25.

Tufano, P. (1996), 'Who Manages Risk? An Empirical Examination of Risk Management Practices in the Gold Mining Industry.', *Journal of Finance* **51**(4), S. 1097 – 1137.

Tufano, P. (1998), 'The Determinants of Stock Price Exposure: Financial Engineering and the Gold Mining Industry.', *Journal of Finance* **53**(3), S. 1015 – 1052.

Uhrig-Homburg, M. (2002), 'Valuation Of Defaultable Claims – A Survey.', *Schmalenbach Business Review (SBR)* **54**(1), S. 24 – 57.

Vasicek, O. (1977), 'An Equilibrium Characterization of the Term Structure.', *Journal of Financial Economics* **5**, S. 177 – 188.

Warner, J. B. (1977), 'Bankruptcy Costs: Some Evidence.', *Journal of Finance* **32**(2), S. 337 – 347.

Working, H. (1949), 'The Theory of Price of Storage.', *The American Economic Review* **39**(6), S. 1254 – 1262.

Wysocki, P. (1998), 'Managerial Motives and Corporate Use of Derivatives: Some Evidence.', *Working Paper, University of Michigan Business School* .

Yousefi, A. & Wirjanto, T. (2005), 'A Stylized Exchange Rate Pass-through Model of Oil Price Formation.', *OPEC Review* **29**, S. 177 – 187.

EINZELSCHRIFTEN

Richard Vahrenkamp
Von Taylor zu Toyota – Rationalisierungsdebatten im 20. Jahrhundert
Lohmar – Köln 2010 • 212 S. • € 55,- (D) • ISBN 978-3-89936-983-0

Christine Junior
Analyse thermoelektrischer Module und Gesamtsysteme
Lohmar – Köln 2010 • 152 S. • € 47,- (D) • ISBN 978-3-89936-987-8

Tiina Salonen
Strategies, Structures, and Processes for Network and Resources Management in Industrial Parks – The Cases of Germany and China
Lohmar – Köln 2010 • 408 S. • € 66,- (D) • ISBN 978-3-89936-998-4

Nikolai Reynolds
Factors Influencing Business Relationships in Agri-Food Chains – An Analysis of Selected German Chains in European Comparison
Lohmar – Köln 2010 • 252 S. • € 57,- (D) • ISBN 978-3-8441-0004-4

Frederick Krummet
Der Informationsgehalt von latenten Steuern nach IAS 12 – Eine empirische Untersuchung zur Extrapolierbarkeit des IFRS-Ergebnisses in deutschen Konzernabschlüssen
Lohmar – Köln 2011 • 336 S. • € 63,- (D) • ISBN 978-3-8441-0010-5

Ilja Konoplev
Corporate Financial Hedging – Auswirkungen auf die Bewertung und Kreditqualität eines Unternehmens am Beispiel der Lufthansa AG
Lohmar – Köln 2010 • 200 S. • € 49,- (D) • ISBN 978-3-8441-0016-7